U0004415

別再錯用你的腦，七招用腦法

終結分心與瞎忙

脳を最適化すれば能力は2倍になる

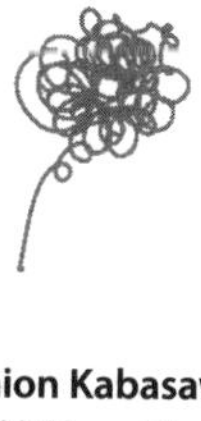

樺澤紫苑 Shion Kabasawa—著
楊毓瑩—譯

CONTENTS

2 去甲腎上腺素工作術

做事散漫無效率！
激發戰鬥物質
讓你高效又自律

3 腎上腺素工作術

恍神分心快當機！活用競爭物質讓你逆轉危機

4 血清素工作術

不再情緒潰堤！
活用療癒物質
讓你掙脫人生難題

5 褪黑激素工作術

終結人生好累！活用睡眠物質讓你天天精神充沛

6 乙醯膽鹼工作術

靈感枯竭沒新意！
活用乙醯膽鹼
讓你創意過人好得意

7 腦內啡工作術

人生空洞好艱難！一劑腦內麻藥讓你排除萬難

序章

心力有限，
懂得運用大腦才能
成就無限

Your brain decides
how to work.

✓

徹底發揮腦部功能，讓你的人生煥然一新

活用腦科學，輕鬆擺脫苦悶生活

經常有人問我，如何才能提升動力？如何才能提高專注力？「動力」和「專注力」確實是執行日常工作時，非常重要的要素。很多上班族都想「提升動力，手腳俐落地做事」、「提高專注力，一口氣完成工作」。

市面上也有很多書籍，教人如何提升動力或專注力。

但其中不少是基於作者的個人經驗寫成，或者欠缺客觀依據，難以效法。有些書則是單純的唯心論，令人狐疑是否真的有效。

不過，近年來，隨著腦科學的進步，人類已經清楚掌握腦部功能。

幹勁。

專注力。

學習能力。

記憶力。

想像力。

作業效率。

人們對於不同腦區，如何影響人類上述能力的運作，以及提升這些能力的方法，已經有相當具體的理解。

身為精神科醫師，我為患者診察的同時，也花了約十五年進行腦科學研究。在美國芝加哥的伊利諾大學留學三年期間，我針對血清素、多巴胺及GABA（γ—氨基丁酸／Gamma-Aminobutyric Acid）等腦內物質，在憂鬱症患者和自殺者的腦中變化情形展開研究。

研究期間，我廣泛閱讀了許多論文和書籍，獲益良多。

然而，我花了多年，才終於讓自己所投入的生物化學和分子層級相關研究，有了雛形。這真的是很費功夫的工作。

我每天持續做實驗，並開始思考，「難道沒有辦法讓這些腦內物質的知識，可以立刻運用在人類的生活中嗎？」

例如，多巴胺的運作與動力和動機的關係；血清素與意欲和情緒的關聯。這些都是經過人體實驗或動物實驗階段，有腦科學根據的知識。

如果上班族也能了解這些，經研究證實的腦內物質的基本功能，或許能為他們的工作帶來劃時代的變化。

我希望上班族能基於科學根據，學習具體的方法，提升工作能力。讓苦悶的工作變快樂，以更輕鬆的方式提升腦部潛力，發揮效率完成工作。

基於這樣的想法，我寫了《別再錯用你的腦，七招用腦法終結分心與瞎忙》這本書。

精神科醫師才寫得出來的「獨門商管書籍」

目前較為人所知的工作術，大部分與腦部構造無關。

仔細一看，絕大多數都是精神喊話，例如「靠毅力克服難關」、「努力堅持到最後」。

實際上，不開心的工作會促進人體分泌「去甲腎上腺素」。由於大腦機制天生會不自覺地逃避不愉快的事物，因此即使靠毅力持續做著討厭的工作，也完全無益於增進效率。

若連續幾個月都在做「討厭的工作」，會形成巨大壓力，啃食自我身心。不僅無法提升效率，甚至可能危害健康。

不符合腦部構造的工作術，就像開車時拉起手煞車，卻用腳踩著油門，百害而無一利。

因此，希望各位都能運用符合腦部構造的工作術。

當腦自然增加多巴胺的分泌量，便會連帶提高自身動力。作業效率、學習效率以及記憶力也會隨之變好。

也就是說，只要改變生活習慣和工作方式，就能大幅提升自我能力，改善工作效率和品質。

不僅「多巴胺」能發揮這些效用。只要落實「腦內物質工作術」，你就能在工作領域發揮最大效率，並將壓力降至最低。

此外，如果工作方式符合大腦結構，也能大幅降低過勞、操壞身體或罹患憂鬱症的風險。

身為精神科醫師，我非常樂見這樣的轉變。我寫下這些有助上班族的工作術，希望它能為大家帶來身心健康。

本書也是「只有精神科醫師才寫得出來的商管書籍」。

這本就夠！立即提升能力技巧大公開

市面上有很多以腦內物質為主題的書籍。討論多巴胺的書籍，如：茂木健一郎先生的《用腦，要用對方法！》；討論血清素的書籍，如：有田秀穗先生的《用血清素與眼淚消解壓力》——這些都是相當知名的著作。

但這些著作都集中探討個別腦內物質。市面上幾乎看不到任何一本彙整了各種腦內物質，以「工作術」為主題，敘述讓上班族易懂好理解，並能立即應用於生活的書籍。

本書從「腦內物質」的觀點，以更寬廣的角度去理解腦部構造和功能，提供大量「可以立即提升能力的技巧」。

腦部功能非常複雜，但我盡量將它們單純化，讓讀者更容易理解。我運用日常生活的具體實例，以平易近人的敘述方式，搭配圖解說明，來解釋這類複雜的知識。

專家看了這些簡易的說明，或許會認為「會不會過度簡化了」或者「說明不夠充分」等。

但是，這本來就不是「學術書籍」，而是針對上班族所寫的「商管書籍」，目的是好讀易懂，希望專家能理解這一點。

讀過本書而對腦內物質和腦科學產生興趣的讀者，也可參考其他由專家學者編寫的學術書目和專業書籍，如此必能加深讀者對相關知識的理解。

請一定要看完本書，學習徹底發揮腦部功能的方法，為自己的工作帶來劃時代的變化！

快速掌握腦內物質特性，打造逆境免疫的超強大腦

七種翻轉你人生的奇蹟物質

人體中有數百億個神經細胞，它們構成複雜的神經網絡。人們通常以為大腦的神經系統像電力配線一樣，全部連接在一起，但實際上並非如此。神經細胞與神經細胞的交界處，存在著一個稱作「突觸」的狹小隙縫。

突觸前膜釋放「神經傳導物質」，而突觸後膜則有神經傳導物質專屬的「接受器」。

突觸與神經傳導物質

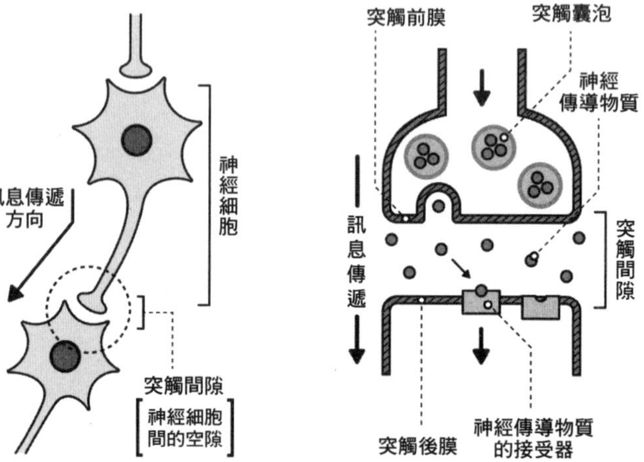

也就是說，當神經傳導物質與接受器結合，便能傳遞刺激。

直接談到神經傳導物質，或許有些讀者會覺得太艱澀而有所抗拒。因此，本書不採用學術用語，而是使用神經傳導物質的俗稱：腦內物質，來進行說明。

不同腦內物質有不同的分泌方式，並會改變神經網絡的連結方式。因此，只要能深入掌握腦內物質的知識，了解個別功能，就能改變你的情緒和動機。

腦內物質繁多，至少多達五十種以上。本書將介紹其中幾種最具代表性的腦內物質，它們不僅掌管腦部重要功能，且相關研究也非常進步。

具體而言，包括下列七種腦內物質：

- 多巴胺
- 去甲腎上腺素
- 腎上腺素
- 血清素
- 褪黑激素
- 乙醯膽鹼
- 腦內啡

這七種腦內物質正是可以提升你的動機，改變你的工作方式，甚至翻轉你人生的奇蹟物質。

由超人氣動畫快速理解七種腦內物質

在介紹與各種腦內物質相關的工作術之前，我希望讀者能先簡單了解這些腦內物質的功能。只要對這些腦內物質的特性有點印象，就能更輕鬆地閱讀本書。

不過，要簡單明瞭地講解腦內物質，並不是一件容易的事。我左思右想之後，決定透過眾所皆知的動漫人物，來說明腦內物質的個別差異。

在這裡即將登場的是超人氣動畫《新世紀福音戰士》。

應該有很多人知道這部超越世代、廣受歡迎的動畫作品吧。這部動畫不僅翻拍成電影，也推出小鋼珠機台系列遊戲。

動漫的主角是碇真嗣，他的著名台詞是「不能逃避」。

碇真嗣是EVA初號機的駕駛員，每當與神祕敵人使徒作戰時，他總是被恐懼支配，產生「想逃」的衝動。

在這種狀況下分泌的即是「去甲腎上腺素」。

去甲腎上腺素也稱為「戰鬥與逃走荷爾蒙」，它會促使人選擇戰鬥或逃跑。在面臨必須從中做出選擇和採取行動的危險狀況時，就會分泌去甲腎上腺素。

長期分泌去甲腎上腺素，會導致「憂鬱症」。

在《新世紀福音戰士》電視版後半劇情中，碇真嗣因為不想繼續擔任EVA的駕駛員而煩惱著。他自責自己沒出息，因而意氣消沉並陷入憂鬱。處於這種狀態中的他，完全就像因長期分泌去甲腎上腺素，而產生的情緒變化。

與沒有自信、陰暗的碇真嗣性格完全相反的，是總是以正向思考採取行動的活潑少女惣流・明日香・蘭格雷。

明日香可說是象徵「多巴胺」的人物。

多巴胺是動力的泉源。永遠鬥志高昂的明日香，腦內應該分泌著大量多巴胺。

一旦人設定更遠大、更難的目標時，腦內就會分泌多巴胺。越是被逼入困境，越是幹勁十足的明日香，非常符合多巴胺的特徵。

安靜寡言的綾波零總是冷靜地和使徒對戰，即使面臨生死危機，也不失冷靜。

她內心的冷靜狀態，來自於「血清素」的分泌。

當血清素的分泌量適當，人就會如同正在坐禪的僧侶，心神穩定，可控制激動的情緒，維持內心的冷靜與沉穩。

鮮少表達情感的綾波零，或許有點血清素過度分泌的感覺，不過她散發出來的冷靜特質，其實相當具有血清素的特色。

葛城美里是永猛果敢的ＮＥＲＶ作戰部長。她善於訂定大膽且具攻擊性的作戰計畫，總是活力充沛。她與使徒對戰時，總是神情英勇且精神抖擻。這必定是由於「腎上腺素」的分泌。

腎上腺素是「戰鬥荷爾蒙」。

面臨決鬥或實際戰鬥時，都會分泌腎上腺素。指揮碇真嗣和綾波零所駕駛的ＥＶＡ機體，統籌作戰的「女鬥士」美里所展現出來的形象，完全符合腎上腺素的特色。

ＥＶＡ研發計畫的負責人，同時也是科學家的赤木律子，性格特徵是理性、知性、實事求是、冷酷。她負責改良和分析ＥＶＡ，具有獨特的分析能力和提出奇特創意的想像力，也具備冷靜完成工作的專注力。執掌創意思考能力和專注力的腦內物質是「乙醯膽鹼」。律子這個角色和乙醯膽鹼息息相關。

乙醯膽鹼也是緩和全身臟器運作的「副交感神經」的傳導物質。交感神經（腎上腺素）與副交感神經（乙醯膽鹼）的關係，就好比行動力強的美里和冷靜沉著的律子之間的關係。

渚薰是在故事結尾登場的神祕人物。他的真面目是「最後的使徒」，而他全身上下散發著壓倒性且無人能及的力量與自信。

腦內物質的概略介紹

	一句話形容	相關感受及情緒	其他關鍵字
多巴胺	幸福物質	幸福、快感	獎賞系統[1]、學習腦
去甲腎上腺素	戰鬥或逃跑	恐懼、不安、專注	壓力反應、工作記憶、工作腦、交感神經
腎上腺素	興奮物質	興奮、憤怒	交感神經（白天活躍的神經）
血清素	癒療物質	冷靜、平常心	心靈穩定、共感腦
褪黑激素	睡眠物質	睡意	回復物質、抗老
乙醯膽鹼	記憶與學習	靈感	副交感神經（夜晚活躍的神經）、尼古丁、θ波
腦內啡	腦內麻藥	欣快感、迷幻感	α波

僧侶經過清修苦行達到徹悟之際，所分泌的便是「腦內啡」。渚薰所散發的超越人類智慧的卓越氣質，也與腦內啡的分泌有關。

到目前為止，已經透過《新世紀福音戰士》的角色，說明了本書將介紹的其中六種腦內物質，剩下的腦內物質是「褪黑激素」。

褪黑激素是一種「睡眠物質」，濃度升高會產生睡意，讓人一覺好眠。《新世紀福音戰士》中似乎沒有與睡眠直接相關的角色，不過我仔細找過之後，還真的發現了！

那就是鈴原冬二。他和碇真嗣是同班同學，是位總穿著體育服的熱血硬漢。

他不是經常在課堂上「打瞌睡」嘛！

我想這恐怕是褪黑激素分泌過多的關係（笑）。雖然是這樣，不過他後來也成為EVA三號機的駕駛員。

由於褪黑激素（睡眠）和鈴原冬二的形象有重疊之處，我才得以藉由《新世紀福音戰士》的角色，完整說明七種主要的腦內物質。現在你應該大致掌握了各種腦內物質的特色。

腦內物質看似過於學術和艱澀，實際上卻與我們的日常生活密切相關。

1 以「愉悅感」和「獎賞」等歡愉感受回饋個體特定行為，確保個體會不斷進行，延續生命機能所須的活動。

腦內物質的平衡

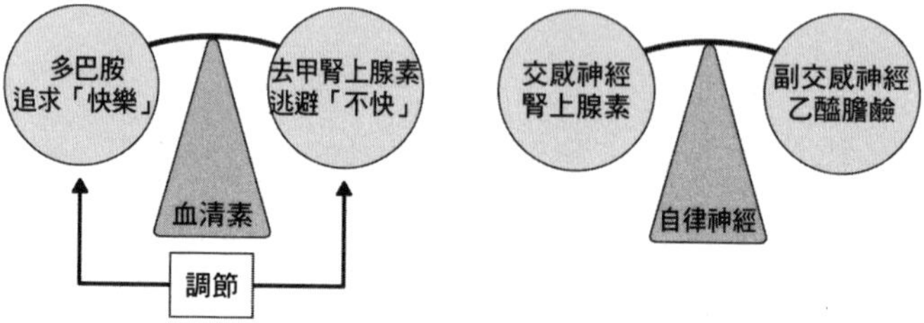

腦內物質若失衡，精神疾病便可能找上門

維持腦內物質的「平衡」相當重要。

例如，多巴胺、去甲腎上腺素及血清素掌管腦內的主要功能。多巴胺追求「快樂」，去甲腎上腺素逃避「痛苦」，血清素則負責調節兩者，維持平衡。

當多巴胺分泌過剩時，血清素會抑制多巴胺的分泌，也會控制去甲腎上腺素的分泌量。血清素的功能，就像調節多巴胺和去甲腎上腺素平衡的「支點」。

換句話說，腦內物質本身就會主動維持彼此平衡。一旦失去平衡，大腦就無法正常運作。

多巴胺獎賞系統循環過快，失去控制的狀態則為「成癮症」。

酒精成癮和興奮劑成癮都是廣為人知的成癮症。

近來，賭博成癮症和購物成癮症等等，也越來越為人所知。當多巴胺的循環失控，就會引發疾病。

此外，一旦多巴胺過度分泌，人便會出現幻覺，如「思覺失調症」便是與多巴胺過量有關。雖然多巴胺是動力來源，但是分泌過剩反而會帶來不良影響。

相反地，無法製造多巴胺，或多巴胺不足則會引發「帕金森氏症」。患者會出現運動功能障礙、手抖及步行困難等症狀。特定腦內物質分泌過量或不足，都會導致疾病。

我要再重申一次，腦內物質的平衡相當重要。

如右圖所示，當多巴胺、血清素及去甲腎上腺素呈現平衡的狀態時，腦部即可發揮最大效能。

現代大部分人，都處於腦內物質失去平衡的狀態。

多巴胺、血清素及去甲腎上腺素的功能

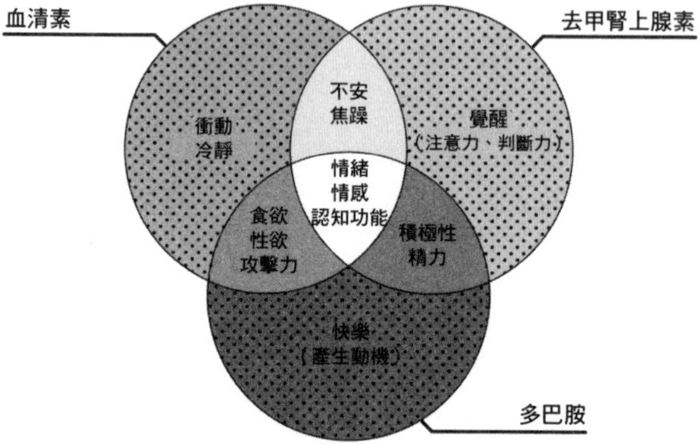

工作壓力、不規律的生活作息、睡眠不足、偏食等錯誤的生活習慣，不僅會損壞身體，也會損耗「腦」，使腦內物質的分泌量失衡。一旦陷入極端的失衡狀態，便會引發各種精神疾病。

接下來要介紹的「工作術」和「正確的生活習慣」，並非只要你專注於使大腦分泌其中一種腦內物質。請盡量維持平衡，如此一來才能實現理想的腦內物質狀態。

唯有當你的大腦和身體都「健康」，你才能發揮出百分之百，甚至更高的潛能。

Chapter 1

Thema

不再活得死氣沉沉！
活用幸福物質讓你成功水到渠成

多巴胺工作術

Business skills using
Dopamine

Neurotransmitter

DOPAMINE 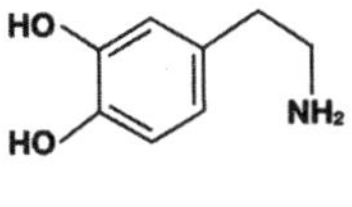

學會獎賞多巴胺系統，就能根除惰性、充滿幹勁

幸福就在我們的「腦中」

你應該聽過梅特林克的童話故事《青鳥》。

奇爾和米琪兒是一對兄妹，他們在夢裡前往回憶和未來的國度，尋找象徵幸福的青鳥，但卻遍尋不著青鳥。

結束旅程回到家的兩人，終於發現了一件事。

原來家裡飼養的鴿子，就是「幸福的青鳥」。

這則童話的寓意是：幸福就在我們身邊。或者，我們只是沒有察覺到，自

己已置身於幸福中。

你的幸福究竟在哪裡？

站在腦科學的立場，我們可以說，「幸福就在腦中」。幸福不用仰賴他人給予，也並非來自於其他地方。我們的腦中就存在著啟動幸福的物質。當大腦分泌多巴胺時，我們就會產生幸福感。

這不是說夢話，「分泌多巴胺＝幸福」。

由於「變得幸福的方法＝分泌多巴胺的方法」，因此多巴胺也被稱為「幸福物質」。

目標實現時，大腦會分泌多巴胺；工作順利時，「太棒了！」的成就感，也會促使大腦分泌多巴胺，人會因此沉浸在幸福感中。

當設定目標和訂定計畫時，大腦就已經開始分泌多巴胺。邁向目標時會感到雀躍，進而提升動力，也是因為多巴胺的分泌。接下來要介紹促進大腦分泌多巴胺的方法，覺得渾身沒有幹勁、煩惱不已的人，請一定要實踐這些方法。

破解多巴胺運作機制，讓你實力突飛猛進

位於中腦腹側被蓋區的A10神經核，是製造多巴胺的地方。而《新世紀福音戰士》的故事設定也是「透過駕駛員的A10神經，連結EVA機體的神經系統」。

腹側被蓋區主要有兩條多巴胺神經通道。

一條是「中腦邊緣系統」，投射（神經連結）於有海馬迴等神經組織的大腦邊緣系統；另一條是投射於額葉和顳葉的「中腦皮質系統」。多巴胺透過「軸突」被投射到各部位，從位於軸突末端的突觸釋放出去，發揮各種功能。

例如，多巴胺與額葉的額葉聯合皮質區（frontal association cortex）的「工作記憶」（working memory）息息相關。由此可知，多巴胺的分泌會影響訊息處理能力、注意力、專注力及計畫能力等。

海馬迴和顳葉則與學習、記憶的關係密切，因此當多巴胺分泌時，也有助提升記憶力。

多巴胺的主要功能

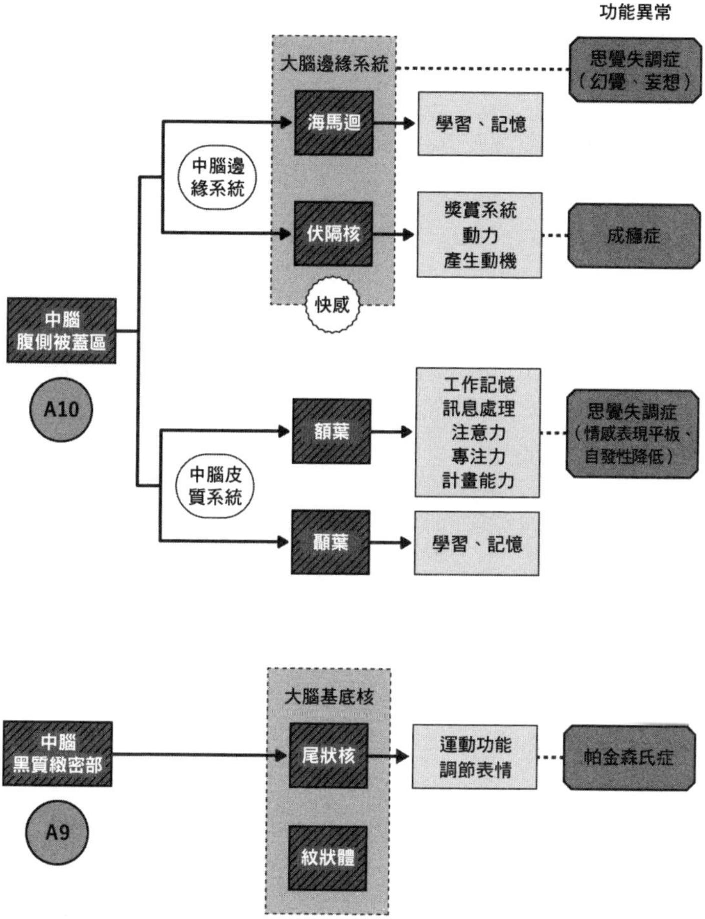

注：為利說明，已簡化實際的神經系統和腦功能。

以A10神經的傳導路線為主的多巴胺神經系統，被稱為「獎賞系統」，在需求被滿足或將被滿足時會活化，使人產生愉悅感。而獎賞系統中，最重要的角色就是大腦邊緣系統的「伏隔核」。

當伏隔核受到刺激，就會立刻分泌多巴胺，產生「快感」（笑）。當快感與「行動」結合，為了獲得更多的快感，就會引起更高的行為動機。這就是獎賞系統的運作機制。

因此，多巴胺與人類的學習、行為動機、環境適應密切相關。由於「更多的快感＝更多的多巴胺」，所以人類會一直挑戰更遠大的目標。

雖然說明了這麼多，不過以上內容屬於醫學專業領域，稍微艱澀難懂。重要的是接下來要講解的部分：究竟多巴胺怎麼運作，對你又有什麼影響？

實際上，在職場中促進大腦分泌多巴胺，可以讓工作進度突飛猛進。

打擊懶散！你必須啓動多巴胺的獎賞循環

當伏隔核興奮時，就會提高幹勁和動機，而伏隔核的「神經元」也會因為「帶來報酬的刺激」而興奮。

例如：快樂、開心、完成工作、受到讚揚、被愛等精神性酬賞，會使伏隔核的神經元興奮。

當人類得不到充分的獎賞，就會對工作失去幹勁。大腦也是如此，若沒有獲得足夠酬賞，多巴胺就不會運作。

想要充滿幹勁，只要刻意給予大腦獎賞即可。

「獎賞」與「多巴胺分泌」呈現循環關係，如三八頁的圖所示。最後，行動會連結快感。大腦會逐漸學習到，只要採取特定行動，就能得到快感。而且，為了再度獲得快感，就必須展開相同行動。

再者，在第二次的行動中，會更「動腦筋」以獲得比前一次更大的快感。

當獲得更大的快感後，為了超越這一次的快感，又會花更多腦筋展開行動。

多巴胺和獎賞系統

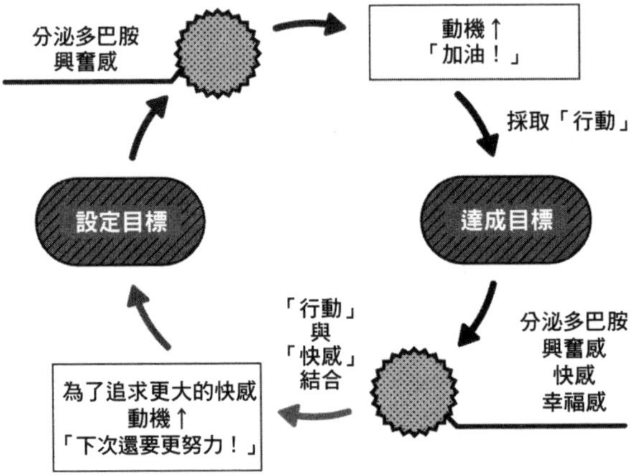

就這樣，由於反覆「發揮創意以獲得快感」，自然就能充分學習。當然，也有利促進自我成長。

這個循環稱為多巴胺的「增強學習循環」。

多巴胺系統所職掌的增強學習機制，是人類維持動機，實現自我超越、成長及進化，不可或缺的腦內系統。

人類會持續發展科技，且不斷突破技術限制才能獲得滿足感的原因，也與「增強學習機制」有關。

但具體而言，在日常生活中該

做什麼、怎麼做，才能促進分泌多巴胺？接下來便要說明，能夠促使多巴胺分泌的「七個步驟」。

七個步驟促使大腦分泌多巴胺

STEP1 設定明確目標

當多巴胺分泌時，通常我們會感到「興奮」及「心跳加速」。而這些瞬間的出現，也剛好都吻合多巴胺分泌的時機點。

以購買彩券為例，在「購買彩券的當下」和「中樂透時」，我們都會產生興奮感。

但其實，在「想買彩券」的瞬間（實際購買前），應該就已經感到興奮才對。以下的動物實驗即證明了這個假設。

將白老鼠放入籠中，籠子裡面設有「燈一亮起，就會流出糖水的裝置」。經過多次的錯誤嘗試，老鼠學習到燈亮時，會流出糖水。實驗人員藉此觀察「燈亮時」和「喝糖水時」，老鼠腦內的多巴胺分泌情形。

透過多次實驗後，老鼠只有在燈亮時，才會分泌更大量的多巴胺。老鼠的腦中共分泌了兩次多巴胺，分別是在「期待喝糖水時」和「實際喝到糖水時」。

如果將之類比為人類設定目標的行為，即在「設定目標時」和「達成目標時」這兩個時間點，腦內會分泌多巴胺。《雷霆谷》（*You Only Live Twice*）這部電影，英文片名的句意是你只能活兩次，但其實也暗示了「多巴胺會分泌兩次」的道理。

在漫無目的的生活中，偶爾有好運降臨，的確非常令人開心。但是，這種時候不會分泌多巴胺。

自行設定明確目標，朝著目標努力，想方設法實現目標的過程，才會分泌多巴胺。而當達成目標之際，還會再分泌一次多巴胺。

為了有效轉動此循環，應該培養「訂定目標的習慣」。

然而，目標不能好高騖遠。想像「未來的遠大夢想」和「自己十年後的模樣」，對於自我實現非常重要，不過卻不利多巴胺的分泌。

相較於此，訂定且不斷落實「短期內可實現的目標」，才能更有效協助自我實現更遠大的目標。

公司等組織會訂定「每月目標」、「每季目標」及「年度目標」等不同目標，這種分割目標的做法也有利分泌多巴胺。

只要將大目標切割成數個月或數週內可以實現的「小目標」，就能提升動機，有助多巴胺長期分泌。這些小目標也可說是「里程碑」。

馬拉松競賽中，會有一公里、五公里、十公里等標示牌，告知選手目前跑了幾公里。來到每個標示點，選手便能知道「自己已經跑了五公里」、「到了折返點」，體會些微成就感。

倘若少了這些里程碑，選手不知道自己跑了多遠，也沒有任何成就感，就更不用說能提起精神跑完全程。

STEP2 想像目標已實現

有很多自我啟發的書籍，都教導讀者要設定明確目標，才能提高實現的機會。

就科學上來看，這也是正確的做法。因為當你想像的目標越強烈鮮明，便越能分泌多巴胺並提升動機，提高成功機率。

重點在於刻意且明確的想像目標。

以我自己為例，當我訂下「要出版與腦內物質相關的書籍」的目標時，我腦中開始想像下列情景。

- 書名和封面設計。
- 章節標題、內容等細節。

- 書店陳列著自己的書。
- 網站顯示自己的書在亞馬遜網路書店排行榜高居第一。
- 在出版紀念宴會上演講的自己。
- 收到讀者的感謝函和Email。
- 銀行存簿收到版稅。
- 編輯來電告知「決定再刷」。
- 自己的書被刊登在週刊雜誌的書評專欄中。

當我想像自己達成這些目標時，隨著興奮和雀躍的程度不同，多巴胺的分泌量也會跟著改變。多巴胺分泌量增加，也能提高目標的達成率。

也請你將正面的自我形象視覺化，想像越具體越好。你可能會覺得「一切都順利得太不可思議」，而不禁笑了出來，但少了這個步驟可不行。

當我們逼真地想像夢想，其實就已經有一半成真了。

反過來講，完全無法想像的目標，是實現不了的，因為無法設定可以逐步實踐的小型里程碑。在這樣的狀態下，大腦不會分泌多巴胺，也難以將想像轉化為具體的行動，導致夢想淪為「空想」。

STEP3 反覆確認目標

設定目標並非僅在心裡產生模糊的想法，必須使目標處於「隨時都看得到的狀態」。

例如，在紙上寫下目標，貼在書桌前。

向身邊的人宣告自己的目標。

將目標寫在紙上，夾在自己的筆記本或錢包裡，天天看。

以這種簡單易懂的方式，反覆確認目標。每當想到「自己達成目標」的模樣，就揚起嘴角微笑。如此一來，便能補充多巴胺，提升動機。

多巴胺不會長時間或長期分泌，因此必須偶爾補充它。

輕鬆補充的方法就是：重複確認目標。

另一個方法是製作專屬的「願景板」。

可以剪貼雜誌的照片等，來組成自己的夢想和願望，製作專屬於自己的夢想地圖。請剪貼照片等物品，模擬自己實現夢想時的模樣。

將成品放在書桌前等顯眼的地方，每天持續看。

透過具體想像達成目標的自己，就能分泌多巴胺激發動機。不斷看著自己的夢想和目標，並且回憶設定目標時的興奮感。

動機就好比車子的「汽油」。

開車進行長途旅行時，出發前應該都會到加油站加滿汽油（設定目標所帶來的興奮感）。

然而，光是加這一次油，或許無法抵達目的地，途中還必須持續加油（想像達成目標）。

旅途中一邊加油，才能越來越靠近目的地。

STEP4 樂於執行

參加國際高爾夫四大賽的石川遼選手，經常在出發前的訪談中表示「相當期待賽事」。

創下佳績後也會發表「很享受比賽」的感想。

同為高爾夫好手的老虎伍茲，受訪中被問到「請用一句話形容你在高爾夫賽事中致勝的原因」時，他回答：

「Enjoy.（享受比賽）」

雖然老虎伍茲後來被發現私生活不檢，捲入桃色風暴等醜聞，但這種享受比賽的態度仍值得我們學習。奧運奪牌選手等頂尖運動員，也都說過同樣的話：

「一邊享受一邊比賽。」

「享受緊張的感覺。」

「光是站在球場上，就非常興奮。」

實際上，成績越卓越的選手，越常將這些話掛在嘴邊。

就醫學上而言，快樂地執行一件事，才會分泌大量多巴胺，並隨之提升動機。

人類大腦接受「愉快」的刺激後，會想要更多的快感；接受「不愉快」的刺激，則會想要迴避。

假設桌上放著很多塊蛋糕，試吃一口後覺得美味極了。這時候腦部接受的就是「愉快」的刺激。

幾乎所有人吃完一塊好吃的蛋糕後，會想再吃一塊。就算肚子不餓，還是會想吃。這是因為腦部企圖追求更多「愉快」的刺激。這時候分泌的腦內物質，即是多巴胺。

但如果第一個蛋糕難吃極了，就不會想吃第二塊。腦部會迴避蛋糕產生的「不愉快」刺激。

參加資格考試和升遷考試也是一樣，「愉悅」地念書，才會分泌多巴胺，自然產生「明天也要繼續念」的幹勁。

當大腦分泌多巴胺時，還有「加速記憶」、「促進學習」及「增強記憶力」的功效，也有助提升學習效果。當發現原來「自己相當接近及格標準」時，這種「接近及格標準」的喜悅，便會促進分泌多巴胺，使人更積極念書。

因此，做任何事都樂在其中，才是最佳的成功法則。「正因為喜歡，所以會精益求精」，這句俗語的意旨，完全符合多巴胺的特質。

相反地，若覺得「參加資格考試很痛苦」、「討厭讀書」，大腦接受的就是「不愉快」的刺激。這種時候分泌的是「去甲腎上腺素」。

如果是短期準備考試，分泌去甲腎上腺素能提高專注力，活化腦部。但若長期處於不想做的狀態下，並無法提升動機。

心不甘情不願地做事，會讓自己與成功無緣。

去甲腎上腺素的相關內容，將在第二章詳細介紹。

STEP5 達成目標，犒賞自己

日本職業棒球錦標賽的奪冠隊伍，會在慶功宴上將啤酒倒在彼此身上，歡聲雷動地大肆慶祝勝利。有些人批評「也不用這麼嬉鬧」，但狂歡對於激發更大的動力非常重要。

首先，大腦會對「獲勝的事實」產生喜悅感。並且，「在慶功宴上狂歡」，會進一步使人對慶功宴感到愉悅。這兩種快感都是給予大腦的「獎賞」。

職棒的慶功宴上，夥伴彼此分享喜悅，會強化愉悅感，加深球員「明年也要努力奪冠」的決心。大腦是貪心的，會繼續分泌多巴胺以「再次獲得獎賞」。

如果獎賞滿足不了腦，「想要再獲得獎賞」的欲望就會減弱。締造豐碩成果時，更應該提供豪華的酬賞。

當你達成目標時，就應該替自己開心。

最好是舉辦慶功宴，大家一起慶祝，但如果不這麼做，請買個禮物犒賞自己。

買下以前就想要的高單價物品，當作「犒賞自己」的禮物。這個做法對於實現接下來的目標，具有重大意義。

據說職棒球星鈴木一朗締造出色紀錄時，會買高級手錶送給自己。當然，這也是犒賞自己的一種方式。

不輕易表現出喜悅的鈴木一朗，藉由買禮物犒賞自己，達到「提升動機，邁向下一個目標」的目的。

就我個人而言，當我達成較大的目標時，就會去吃美食。

比如造訪平常不太會去的高級壽司餐廳。對我來說，這是相當大的禮物。

而且，光是品嘗到美味料理，就足以使多巴胺分泌。

用餐前跟用餐過程中都會分泌多巴胺。在餐廳翻閱菜單時，多巴胺就已經開始分泌，刺激「進食中樞」。實際開始吃後，又會分泌更多多巴胺。

「完成下一個目標後，就再來一次這間壽司店！」

有了這樣的想法後，大腦為了追求第二次「快感」，就會產生動機，啟動多巴胺循環。我非常推薦以美食作為達成目標的獎勵。

STEP6　立刻設定更高目標

前面提到許多頂尖運動選手，經常在訪談中說自己「期待比賽」、「享受比賽的過程」。

其實這些頂尖選手的發言，還有另一項特徵。尤其當選手締造輝煌紀錄時，更容易觀察到這項特徵。

「還不夠好。」

「×××的部分，做得不好。」

「要繼續努力才行。」

受訪時，他們一定會像這樣說到自己的缺點。幾乎很少看到有頂尖選手驕傲地說「我今天的表現好得沒話說」。

對眼前的自己感到滿足，覺得「維持現狀就好」的瞬間，多巴胺就會停止分泌。如此一來，不僅連現狀都維持不了，紀錄還會每況愈下。

就算創下佳績也不要就此滿足，應該設定更高的目標。因此，頂尖選手才能一直維持卓越的表現。

為達成目標而開心當然很重要，不過開心與滿足並不一樣。滿足於眼前自己的瞬間，人就會停止成長。

也因此，得到奧運金牌的選手，很容易就失去動力。

因為他們已經證明了自己是世界第一，沒有比這個更高的榮耀了。

但是，有些選手獲得金牌後，依舊可以提升到更高的層次。這才是真正的頂尖選手。

例如，日本的柔道選手谷亮子[2]。

2 谷亮子原名田村亮子，二〇〇三年與棒球選手谷佳知結婚後，改夫姓為谷亮子。

她曾經五度出賽奧運，拿過兩面金牌、兩面銀牌以及一面銅牌。她能夠如此長期活躍於運動場上的第一線，就已經不是一件尋常的事。

她之所以能夠締造豐碩的成果，是因為她有自己的「動力提升法」。我們可以從谷選手留下的「名言」看到這一點。

「最好是金牌，最差也是金牌。」（雪梨奧運前）

「當田村小姐要得金牌，成為谷太太也要得金牌。」（雅典奧運前）

「當了媽媽也要得金牌。」（北京奧運前）

你看了有什麼感覺？在每次的奧運賽事，她都為自己設定不同的目標。例如，在北京奧運時說的「當了媽媽也要得金牌」。如果她說「這次也以金牌為目標」的話，是完全無益於提升動機的。

相較於獨自專注於訓練，在生產、育兒的同時拿到金牌，是難度更高的目標。困難的目標讓她得以分泌多巴胺，締造佳績。

當我們設定更難的目標時，大腦會分泌多巴胺，提高動力。我不確定谷選手知不知道這個腦部機制，但每一次的奧運，她都會想出一句口號來激勵自己，讓自己挑戰「更困難的目標」，而她也屢創佳績。

不斷設定「更難的目標」。這是啟動多巴胺增強學習循環的祕訣，也是人生的成功法則。

當你實現目標後，不妨立刻設定下一個目標。滿足現狀的話，大腦很難分泌多巴胺。

大腦的欲望無窮。多巴胺是一種樂於得到「更多」的物質。

只要持續設定更高的目標，不斷分泌多巴胺，你就能更上一層樓。

STEP7 重複此流程

達成目標可以得到快感（幸福）。設定、再達成更難的目標，便能得到更大的快感。此流程不斷循環反覆著。

啟動增強學習的循環，就能一階一階爬上成功的階梯，無論在職場上或私

多巴胺分泌與自我成長的階梯

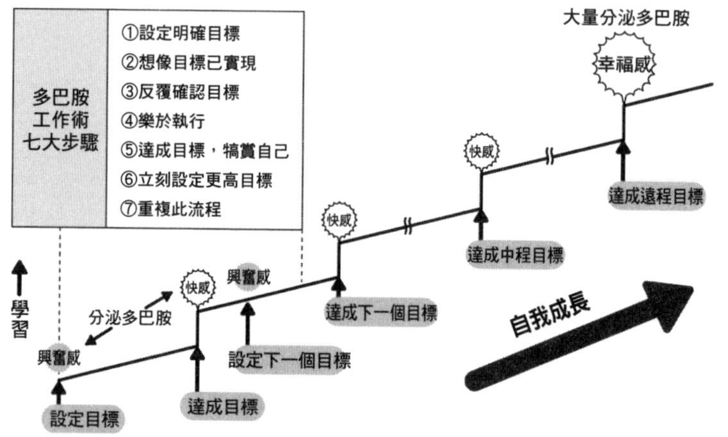

生活都能過得充實順利。

藉由順利分泌多巴胺，走上自我成長的階梯。

透過創意發想和挑戰新事物，可以促使大腦升級，帶來質量俱佳的成果。

這就是「自我成長」、「自我實現」的過程。

請經常意識著這七個步驟並展開行動。

三個祕訣教你更順利分泌多巴胺

設定可實現的目標

如前所述，「設定目標」對於多巴胺的分泌非常重要。但如果目標過度簡單，或太過困難、絕對不可能實現，也無法促進分泌多巴胺。必須設定有難度，但只要努力就可以達成的目標。設定「難易適中的任務」，才能分泌最大量的多巴胺，讓你充滿幹勁。

打電玩時，太簡單、隨便就能過關的關卡，一點趣味都沒有吧？相反地，如果敵人強大無比，玩幾次就輸幾次的話，也會令人灰心喪志。

但是若是多次挑戰，抓到訣竅後，就能進入下一關，並在反覆挑戰後，最後就可以闖關成功。

這種「難易適中」的遊戲，玩樂時的樂趣最大。這是因為多巴胺在「難易適中」的任務時，分泌量最多。

如果你擁有的是像「成為億萬富翁」、「當選總統」或「在武道館開演唱會」等遠大的夢想，那也無法分泌多巴胺，因為那些夢想太過好高騖遠。多巴胺不分泌，意思是你無法長期保持動力。夢想太大反而難以實現。

與其這樣，不如先設定「初步目標」，作為邁向遠大目標的第一步。比如：

- 成為億萬富翁↓每個月增加一萬日圓的收入。
- 當選總統↓擔任選舉志工。
- 在武道館開演唱會↓在車站前進行街頭表演。

衡量自己的實力，設定能力上限可及的目標，動力才會隨之提高，並得以腳踏實地地努力。

一九六九年七月二十日[3]，人類史上首位踏上月球的尼爾・阿姆斯壯順利登陸後，留下這句曠世名言：「我的一小步，是人類的一大步。」

請將這句享譽國際的經典名言，運用在職場上。最初的「一小步」對於你的「大躍進」，具有關鍵性的影響。

一小步一小步地向前邁進，會促使大腦分泌多巴胺，激勵自己朝下一步前進。只要一點一滴的累積，就能實現飛躍性的成長。

首先請你先設定「可實現的目標」，踏出自己的一小步。

3 此為以美國東岸標準時間（EST）為基準而得的日期；格林威治標準時間（GMT）為一九六九年七月二十一日凌晨二時五十六分。

運用化苦為樂的重新框架技巧

逼真地想像自己達成目標的模樣，就會渾身充滿幹勁，覺得「好！衝啊！」、「加油！」

但是，朝著目標努力之際，再怎麼享受過程，也會有「艱辛」、「痛苦」的時刻。

這種時候只要改變想法，讓你即使是苦差事也能開心完成。只要運用心理學的「重新框架理論」來賦予事物新意義，絕對不是不可能化苦為樂。

對同一件事的看法和感受，會因人而異。從某個立場判斷為優點，換成另一個角度就可能變成缺點。

假設考試時間剩下十五分鐘。悲觀的人會想「只剩下十五分鐘」，但樂觀的人則認為「還有十五分鐘」。

在這種情況下，如果能培養「還有十五分鐘」的思維模式，即使在困境中也能找出自己的優勢。

想要養成「凡事重新框架」的習慣，你必須天天練習——當工作或日常生活中浮現負面想法時，就立刻轉換為正面的想法。

盡量將正面的想法以言語表達出來。

×「無法在工作上發揮所長和知識。」

○「這是個可以磨練生疏技能和知識的好機會。剛好利用這個機會，學習不熟悉的領域。」

×「這個工作需要高度知識和技術，太難了。」

○「這是個補強自己不足的地方，是提升技能的絕佳機會。」

×「自己不適合這個工作。」

○「當作挑戰新領域。這或許是發揮潛能的機會。」

×「怎麼可能獨力完成這個工作。」

○「這個工作需要團隊合作。請同事協力一起完成工作。」

×「A完全聽不進我的意見。」

○「在表達自己的意見前，先聽聽A的意見。」

×「公司的氣氛好糟。」

○「主動向他人微笑打招呼。」

如何？只要將負面的想法轉換為正面的表達方式，就能緩和「辛苦」、「痛苦」、「厭煩」等情緒對吧？

藉由重新框架，將「痛苦」轉換為「快樂」，即使做著同樣的工作，也能大幅度提升效率和品質。

自己讚美自己

「自己讚美自己。」

這是日本知名馬拉松選手有森裕子，於亞特蘭大奧運獲得銅牌後，在受訪時所說的話。

自己讚美自己。多麼美妙的一句話。

對大腦來說，受到讚賞是最棒的「報酬」。

不妨試著讚美你的部屬或老婆（老公）。他們一定會馬上回以燦爛的笑容。藉此，就能產生「下次要更努力」、「下次要做得比這次更好」的動力。

讚美是相當大的心理報酬。實驗研究也證明了，人受到稱讚時，會分泌多巴胺。

因此，獲得眾多掌聲，是提升動機的絕佳方法。

如果沒有人讚美自己，那就請稱讚自己。光是說出讚美自己的話語，大腦就會感受到很大的鼓勵。

「加油！」

「做得好！」

「終於完成了！」

「努力總算沒有白費！」

「太棒了！」

「動作迅速，我真是太厲害了！」

就像自言自語一樣讚美自己。別人可能會對你冷眼相待，不過不必在意。因為對自己信心喊話，便能分泌多巴胺、獎勵大腦。

但是，想要促進多巴胺分泌，必須在「達成目標的當下」讚美自己，否則就會失效。抓準時機相當重要。

你稱讚別人時，也請務必抓準時機。當部屬工作表現傑出時，請立刻給予確實的掌聲。

讚美是提高屬下動力最簡單也最有效的方法。有些人會反駁說：「一直讚美，對方會變得傲慢自大。」不過這是因為讚美的方式錯了。

在實現目標的當下立刻給予讚賞，絕對不會發生過譽的情形。所謂「目標」指的是「拼命努力才能達成的目標」或「有些難度的目標」。

在同一個高度下往前踏步時，給予讚美是沒有意義的。應該像爬樓梯一樣，一階一階往上才對。

用角色扮演遊戲來比喻，角色升級時播送音樂的剎那，便是讚美達到最大功效的時候。總是在打倒等級較低的怪物時得到讚美，成效會越來越差。

五個訣竅讓你多巴胺源源不絕

千變萬化的「北斗神拳工作術」

前面談到了促進多巴胺分泌的七個步驟。

除此之外，還有很多方法可以促使多巴胺分泌，而且這些都是可以立刻在日常生活中實踐的方法。

例如，從漫畫獲得靈感的「北斗神拳工作術」。

《北斗神拳》是一部格鬥漫畫，描繪由於核武戰爭爆發，人類文明毀於一旦、失去秩序，回歸到原始弱肉強食、由暴力統治的世界，並敘述神祕暗殺拳法「北斗神拳」的傳人拳四郎的冒險旅程。

從長篇劇情來看，故事主旨不外乎是「與宿命之敵拉歐的戰鬥」，而從單行本的劇情來看，則是不斷重複「拳四郎造訪小村莊，遇上被壞人控制的村民，打倒統治村莊的首領之後拯救村民」。整部漫畫說的不過是典型勸善懲惡的故事。

然而，這部漫畫仍相當有趣，擁有吸引大批讀者的魅力。這可由多巴胺來解釋。

拳四郎不斷打倒欺負村民的壞蛋，但他每次使出的拳術，其實都不一樣。

「北斗百裂拳！」

「北斗柔破斬！」

「北斗殘悔拳！」

就像這樣，拳四郎每次都會使用不同的必殺技來擊退敵人。讀者對他到底會用哪種必殺技越來越感興趣，因而沉浸於漫畫世界裡。

多巴胺討厭「一成不變」，喜歡「創意」和「變化」。《北斗神拳》中，不但每個壞蛋都有鮮明的個性，拳四郎擊敗他們的方法也各具巧思和變化，所以，讀者才會覺得意猶未盡。

每天反覆製作文件、進行簡單的計算等例行公事，你或許也感到厭煩了。即使想要設定目標促進多巴胺分泌，也因為受限於職務種類而難以達成。

這種時候，請活用「北斗神拳工作術」。

用不同的方法、手段及態度去執行一樣的工作。這麼一來，就算目標不變，也會在過程中感到興奮和緊張刺激，促使多巴胺分泌。

在過程中添加「變化」，不但能產生幹勁，也讓人能享受工作的樂趣，並增加達成任務的滿足感。

勇於嘗鮮的「挑戰工作術」

很多時候，「新手段」和「新方法」對於大腦而言是一種「挑戰」。「新場所」和「新環境」也是如此。

例如，資深運動選手會改變練習方法、增加新的訓練或者換新教練等。藉由這些挑戰的機會，讓自己有大幅度的進步。

團隊運動的選手，則可以選擇轉到其他隊伍。

像這樣，巨大的環境變化，對大腦也是「新手段」和「新方法」，有助分泌大量多巴胺。

大腦喜歡挑戰，腦中原本就有因應挑戰的結構。

如果你是上班族，不妨考慮調動「工作地點」或「職務」。

接獲公司人事異動通知時，很多人都會感到不安，但大腦會將之當作挑戰。以積極的態度接受職場變化，就能促進多巴胺分泌，獲得提升能力的大好機會。

獨具匠心的「重整工作術」

走進大型書店，書架上陳列著一百本以上的減肥書。減肥風潮盛行，減肥的人往往選擇特定的「必勝減肥法」，但實際上減肥方法相當多樣，原因也在於多巴胺。

當人被規定要「完全照著做」，是提不起幹勁的。因為多巴胺喜歡「創意」。「以這個方法為基礎，加入自己的想法和做法」，這樣的指示才能促進多巴胺分泌，提升動力和成功率。

即使你買了一本減肥書，並照書上的方式減肥，恐怕也會半途而廢。原因就在於這種方式缺乏創意和獨創性。

不僅減肥，讀書和工作也一樣。當你完全落實書上內容，卻沒有得到相同成效時，容易產生壓力，導致功虧一簣。如果能加入自己的方法，很多事情就會進行得更順利。

爭分奪秒的「超人力霸王工作術」

超人力霸王堪稱變身英雄的始祖。他能在戰鬥中發揮強大的力量，打敗巨型怪獸和外星人，獲得壓倒性的勝利，儼然成為「正義英雄」的代名詞。他強大的祕密在於「戰鬥力只能維持三分鐘」。

變身時間逼近三分鐘極限時，超人力霸王胸前的計時器會開始閃爍，當警示燈號熄滅，即表示體力耗盡。所以一定要在三分鐘內擊倒怪獸。由於在「時間壓力」下戰鬥，超人力霸王才能發揮超強實力。

每天應該都有文書處理等例行工作在等著你。或許你目前只是毫無幹勁、渾渾噩噩地做著這些工作。有些工作就算運用前面介紹過的「重新框架理論」，也無法從中找到樂趣。

然而，無論是多麼無聊或單調的工作，只要限制時間，就能提高動力。因為「有點難的挑戰」可以促進多巴胺分泌。

平常需要花一百二十分鐘完成的檔案，不妨改設定為「今天要用一百分鐘完成」，並啟動計時器。這樣就能形成壓迫感，加快工作腳步。如期用一百分鐘完成時，即可以獲得更高的成就感。

之後再為自己設定新的時間限制，如「明天要用九十分鐘完成工作」，挑戰更高的目標。

多巴胺偏好「再更……」如果無法增加工作的「難度」，那麼就以「更快的速度」為目標，促使多巴胺分泌。利用爭分奪秒的超人力霸王工作術，就能增加工作的樂趣，提升效率。

喚醒熱情的「勇者鬥惡龍工作術」

經典角色扮演遊戲代表作《勇者鬥惡龍》和《最終幻想》，都是很容易讓人玩到欲罷不能的遊戲，相信很多人也曾玩到徹夜不眠。

角色扮演遊戲之所以有趣，也與多巴胺有關。

首先，玩家會遇到怪物。打贏怪物後，可以獲得錢、經驗值及裝備（獎賞）。擊敗越強的怪物，得到的錢和經驗值也越多。

隨著遊戲故事發展，玩家會接到「請拿到某個裝備」或「到某處找某個人」等任務（小目標）。達成後，又會再接收到其他指示，並獲得新裝備。

擊敗大魔王之前，必須先打倒其他主要怪物。這些任務並不容易，但只要擊敗主要怪物後，便能得到很多的錢、高經驗值及強力裝備。為了拿到這些獎賞，玩家會不斷地挑戰。

累積經驗值、升級，並提升自己的能力和技術。到最後，玩家就能擊敗大魔王（大目標）。

完成任務（達成小目標）、打倒主要怪物（達成中目標），最後擊敗大魔王（達成大目標）。這幾乎是所有角色扮演遊戲的共通流程，也是遊戲博得人氣的祕密。

每完成一個小目標，都可以得到報酬，進而再挑戰更大的目標。玩家會花更多心思以達成更大的目標。

達成小目標、中目標，最後完成大目標。

因此在角色扮演遊戲中，其實導入了多巴胺的獎賞系統。玩得越久，得到的獎賞越大。在多巴胺大量分泌的狀況下，玩家就對遊戲更欲罷不能。

將角色扮演遊戲的模式應用在工作上，苦差事也可以變得跟遊戲一樣充滿樂趣。

例如，告訴自己「只要在中午以前完成這個工作，就算達標。把平常午餐的牛肉蓋飯換成炸豬排蓋飯，犒賞自己」，或者「做完工作以後，來一趟過夜的溫泉之旅當作獎勵」。用「達成目標→犒賞自己」的模式，讓工作遊戲化。

藉此可以增強「獲得獎賞」的實際感，即使目標相同，仍可以分泌更多多巴胺。

「今天上午很努力工作，所以等一下吃個炸豬排蓋飯。」

像這樣，很多人在達成目標後，才決定犒賞自己，但這種方式無助於提升動力。

「只要在中午以前完成這個工作，就算達標。把平常午餐的牛肉蓋飯換成炸豬排蓋飯，犒賞自己。」

在開始執行工作前，就先確立「達成目標→犒賞自己」的關係，才能提升動力。即使做的是例行公事，只要稍微改變思維，就能重新喚醒工作熱情。

改變生活飲食習慣，就能大幅提升「幸福感」

最簡單的分泌多巴胺法：運動

前面介紹了很多分泌多巴胺的方法，或許有人還是會覺得「太麻煩了！」、「不能用更簡單的方法分泌多巴胺嗎？」

如果是這樣的話，那麼最簡單的方法就是「運動」了。

多巴胺神經系統中，除了A10神經群之外，「A9神經群」也相當重要。它是從稱為「A9」的黑質緻密部，投射到大腦基底核（尾狀核、紋狀體）的路徑。

A9神經群與運動功能的調節密切相關。運動會分泌多巴胺，是眾所皆知的事實。

我會在下午四點到六點之間，到健身房健身，結束後再到家庭式餐館寫稿。

一般來講，大腦到了傍晚已經非常疲倦，完全不適合用來寫文章。但健身後，身體雖然疲憊，腦袋卻非常清明舒暢，就像剛睡醒一樣清晰。

在實際健身前，我也覺得辛苦健身後，不可能繼續寫稿，不過實際上卻恰好相反。

運動除了有利分泌多巴胺，也會分泌能夠提高專注力和想像力的「乙醯膽鹼」，並具有活化「血清素」的功效。進行稍微有點強度的運動，還能分泌素有腦內麻藥之稱的「腦內啡」。

進行三十分鐘以上的有氧運動，會分泌可促進脂肪分解的成長荷爾蒙。

藉由這些綜合效果，運動後才會產生「頭腦清晰的感覺」，尤其能提高多巴胺的運作功能。

「提不起幹勁。」

「什麼都不想做。」

「缺乏動力。」

出現上述情況的人，很可能是因為你們的運動量不足。想要提高工作動力，適度運動非常重要。

促進多巴胺分泌的最佳飲食法則

不只運動，飲食方式也會影響多巴胺分泌。

多巴胺是由胺基酸「酪胺酸」製成。一旦體內缺乏酪胺酸，就可能無法製造足夠的多巴胺。

竹筍和柴魚片都是富含酪胺酸的食物。使用這兩種食材的「竹筍土佐煮」，是促進多巴胺分泌的最佳料理。肉類、牛奶、杏仁、花生等，也都富含酪胺酸。

為了使酪胺酸大量進入腦部，必須同時攝取「醣質」食物。碳水化合物是很好的醣質來源，因此食用富含酪胺酸的食物時，建議搭配米飯進食。

另外，為了在腦內將酪胺酸轉換成多巴胺，維生素B6也是重要的成分之一。若缺乏維生素B6，即使酪胺酸充足，也無法有效製造多巴胺。

富含維生素B6的食品包括鮪魚、鰹魚、鮭魚、牛奶及香蕉等等。

但是攝取越多量的酪胺酸，並不代表就可以無限制地大量製造多巴胺。

假設一間工廠一天可以製造一百輛汽車，但如果一天的零件只足以製造五十輛汽車，那充其量也只能組裝五十輛。

再者，就算零件足夠每天生產兩百輛，但這也超過該工廠的生產能力了。工廠的上限是每天製造一百輛，就算材料再多，也無法生產超過一百輛的汽車。

腦內物質的生成也是一樣。即使原料再多且全力生產，生產量依然有限，不會有過量生產的情形。

缺乏酪胺酸的人，應該注意確實攝取酪胺酸，但是並不會因為酪胺酸的攝取量超過所需量的兩倍，多巴胺就會多分泌兩倍。因為，分泌量會維持在正常標準。

養成良好的飲食習慣，均衡飲食才是最重要的。

當多巴胺分泌失控……

不只多巴胺，所有腦內物質都不是分泌量越多越好。分泌過量甚至可能損害身心健康。

支撐獎賞系統的腦內物質是多巴胺，但若獎賞系統失控，則會引發「成癮症」。

藝人吸毒遭到逮捕等新聞事件，讓興奮劑成癮症廣為人知。其實，興奮劑會直接刺激獎賞系統中樞「伏隔核」。

伏隔核受到興奮劑刺激，得到強烈快感後，便會想追求更強烈的快感。結果導致興奮劑劑量增加，使人無法擺脫成癮症。

正常來講，打小鋼珠和購物等都是「令人開心」的行為，然而一旦獎賞系統失效，就會演變成失控行為。例如，不惜借貸高利率信用貸款去打小鋼珠，或購物時刷爆信用卡等成癮症的行為模式。

約二十年前的研究也指出，多巴胺分泌異常會引發「思覺失調症」。思覺失調症的各種症狀中，「正性症狀」（幻覺、妄想等症狀）是由中腦邊緣系統的障礙所引起，「負性症狀」（情感平淡、自發性降低等症狀）則是由於中腦皮質系統的障礙所引發的。

研發出可有效減緩思覺失調症症狀的「多巴胺拮抗劑」後，已幫助許多患者出院並重返社會。

另外，前面有稍微提到，在多巴胺神經系統中，A9神經群和A10神經群一樣重要。若與運動調節功能息息相關的A9神經群出現障礙，即會罹患「帕金森氏症」。職業重量級拳王穆罕默德・阿里（Muhammad Ali），和主演電影《回到未來》（*Back to the Future*）的米高・J・福克斯（Michael J. Fox）都是帕金森氏症的患者。

羅患帕金森氏症的患者，大腦基底核的多巴胺含量不足。患者會出現細部運動變困難、無動作（動作變少）、手指抖動、行走困難、缺乏臉部表情等症狀。

分泌多巴胺，確實可以提升動機，使人感到幸福。但不能任意服用興奮劑，以直接刺激伏隔核的手段促進多巴胺分泌。

打小鋼珠和瘋狂購物並不是促進多巴胺分泌的健康方法。你應該在有益生活和工作的「達成目標過程」中，分泌多巴胺。如此才能在健康的狀態下獲得幸福。

尋常幸福來自非比尋常的努力

我曾聽過一個故事，有一位事業有成、家產數十億日圓的老闆，為了過清閒的日子舉家遷移到夏威夷，但由於受不了生活缺乏刺激，所以幾年後又搬回日本，重新開始做生意。

就算生活需求已獲得滿足，人類還是會想不斷「挑戰新事物」的原因，也在於多巴胺的運作。

在達成目標後，多巴胺的獎賞循環系統會想追求更大的目標，以獲得更大的「快感」。持續一成不變的生活，大腦並不會感覺到「幸福」。

人們經常說「物質生活豐裕，卻不幸福」，從腦科學的角度檢視，「太舒適的生活」反而無法使大腦分泌多巴胺。因為當人過著「滿足的生活」時，就會不再設定更高的目標並努力實現，造成多巴胺停止分泌，而無法產生幸福感。

大腦喜歡挑戰。挑戰、達成，變得幸福。

因此，我們必須持續挑戰新事物。當人不再接受挑戰，就會失去動機並停止分泌多巴胺。

過著退休生活的長輩，如果能嘗試新活動，例如培養興趣或擔任志工等，看起來也會變年輕。相反地，光是以「悠哉的退休生活」為目標，沒有任何嗜好的人老得比較快。

經常提升自己的能力，開發自己的新潛能，在這樣的過程中，人會感到幸福。

改變觀點，勇於嘗試新事物，每個人都能擁有幸福人生。

聽到這裡，或許有人會以為必須挑戰到死，付出永無止盡的努力才能幸福，其實不然。從今天開始，設定新目標並展開行動，多巴胺就會開始分泌。

有一位家財萬貫的大企業老闆曾說過：「雖然小時候很窮，但我對未來充滿憧憬，拼命努力著。每天都過得相當充實，現在回想起來，那個時候的我才是最幸福的。」

幸福並不是在努力十年或二十年過後才會降臨。持續努力的「當下」，其實才是最幸福的時刻。

請在每天的工作中，專注於令自己感到雀躍的瞬間，設定能夠提升自我潛能的目標，踏上自我成長的階梯。

這是可以從今天做起的事。請現在就立刻抓住幸福。

Chapter

1

摘要

總結

- ☐ 分泌多巴胺時，人會感到幸福。
- ☐ 給予大腦獎賞，可以提高動機。
- ☐ 啟動多巴胺的獎賞系統循環，就能順利達成目標。
- ☐ 要完成大目標，請先將目標分割成數個難度適中的小目標（里程碑）。
- ☐ 盡情想像達成目標的自己。想像越具體明確，實現機率越高。
- ☐ 「樂在其中」是成功的最大祕訣。
- ☐ 達成目標後，犒賞自己，有助激發邁向下一個目標的動力。
- ☐ 不因達成目標而滿足，立刻設定下一個目標。
- ☐ 大腦喜歡挑戰。持續挑戰新事物，有利自我成長。

Chapter 2

Thema

做事散漫無效率！
激發戰鬥物質讓你高效又自律

去甲腎上腺素工作術

Business skills using Noradrenaline

Neurotransmitter

NORADRENALINE

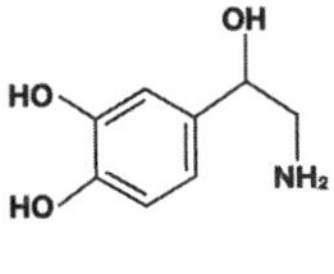

☑

乘著恐懼浪頭，抵達專注力的高峰

人氣講師的授課祕密

社交禮儀講師平林都，是禮儀學校（Elegant Manners School）的社長，每年舉辦超過三百場的禮儀研修課程。

平林老師講課是出了名的嚴格，其上課特色是，只要學員犯一點小錯，她就會用關西腔嚴厲斥責。平林老師也經常上電視節目，其著作《平林都的待客之道》更是暢銷書籍。

平林老師開始上課時，會先和顏悅色地用溫柔的口氣說話。

但是，如果學員回答不出問題，她就會瞬間變臉，嚴厲斥責。

「怎麼變啞巴了！不要瞧不起人！」

「要是店長看到這種樣子，一定會後悔錄取有工作經驗的人！」

學員看到平林老師變了一個人，全都臉色鐵青。頓時，大家的專注力都提高，全神貫注地上課。而轉變了上課氣氛的平林老師，馬上又恢復溫柔的口吻，笑臉迎人地繼續講課。

等到學員一鬆懈下來，老師又立刻大聲罵人。

藉由讓學員感到壓迫和恐懼，提升他們的專注力和學習效率。

如此一來，學員就必須認真上課，使研修效果飛躍性地提升。

解密！專注力激升的腦科學原理

透過斥責提高專注力，應該是廣為人知的心理戰術。而從腦科學來解釋，這其實是「去甲腎上腺素」發揮了效果。

去甲腎上腺素由胺基酸生成，屬於「兒茶酚胺」的一種。這種荷爾蒙由「腎上腺髓質」釋放至血液中。腎上腺是分泌荷爾蒙的器官，位於腎臟附近，腎上腺髓質則是其中一部分。

另外，去甲腎上腺素也是一種由「去甲腎上腺素生成性神經元」釋放至突觸間隙的神經傳導物質。從位於腦幹（橋腦）的神經核之一「藍斑核」，投射至下視丘、大腦邊緣系統、大腦皮質等部位，與注意力、專注力、覺醒度、判斷力、工作記憶及鎮痛等腦部功能有關。

去甲腎上腺素與下一章將介紹的「腎上腺素」，都會使身體產生「戰鬥」或「逃走」的反應。去甲腎上腺素可以啟動直接增加心跳速率的交感神經系統，將脂肪轉換成能量，並能提升肌肉的敏捷性。

假設原始時代的人類走在荒山野嶺中，在半路上突然遇到猛獸劍齒虎。劍齒虎露出尖牙利齒，大聲咆嘯想要展開攻擊。

此時人腦中位於顳葉內側深處的「杏仁核」，會判斷外部刺激是否屬於「不愉快」的感受。

去甲腎上腺素與腎上腺素的功能

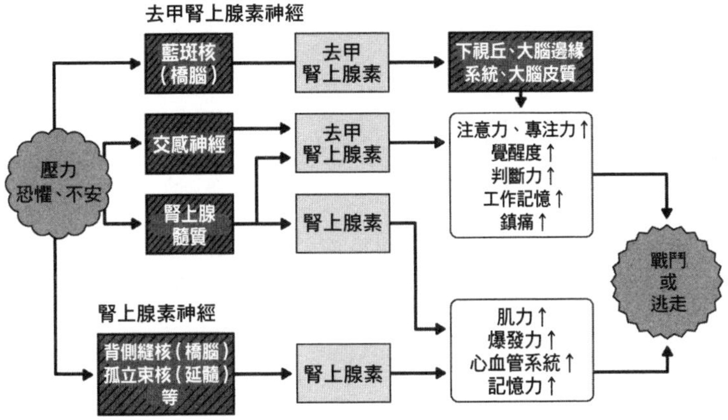

注：為利說明，已簡化實際通道。

由於遇到劍齒虎所帶來的是恐懼、不快感，因此杏仁核會判斷此為「危險」狀態，迅速分泌去甲腎上腺素。

這一瞬間，人類可以採取兩種行動：「戰鬥」或「逃走」。

分泌去甲腎上腺素時，會使心跳加快，血液流向大腦和骨骼肌。無論是「戰鬥」或「逃走」，大腦都會處於預備狀態以利瞬間採取行動，這就是去甲腎上腺素的功能。

分泌去甲腎上腺素，有助提高覺醒度和專注力。讓昏沉的頭腦清醒，大幅提升腦部功能，以利瞬間判斷應該「戰鬥」或「逃走」。

另外，去甲腎上腺素也具有使人較不易感受到「疼痛」的功效，作用跟鎮痛劑一樣。

與劍齒虎打鬥時，被咬到手臂應該會產生劇烈疼痛。但是，如果痛到在地上打滾的話，下場可能是被劍齒虎咬住脖子致死。在這種生死攸關的危機中，根本無暇注意一點小傷。

在這種情況下，只要藉由腦的運作使人失去疼痛感，就能繼續戰鬥或迅速逃跑。因此，去甲腎上腺素分泌時，人比較不會感覺到痛。

實際上，在生死攸關的危機中，也會同時分泌腎上腺素和β腦內啡等具有止痛效果的腦內物質。不過，去甲腎上腺素仍發揮了一定程度的功效。

終結分心與恍神的超簡單技巧

傳奇禮儀講師平林都，在授課時突然暴怒，使學員產生「壓迫感」和「恐懼感」的上課方式，被譽為「學習效果世界第一」。能有這麼顯著的效果，也要歸功於去甲腎上腺素。

「喂！」

平林老師一聲叫喊，就可以讓學員膽顫心驚。

這個時候，學員腦中分泌著去甲腎上腺素。打瞌睡的人會清醒，發呆的人也會立刻專心聽課。

這麼一來，就能加深理解和建立穩固的知識，確實吸收研修課程的內容。

不過，如果罵個不停，反而會因為去甲腎上腺素的「習慣」效果，無法順利提升專注力。

基本上，平林老師在上課中也會面帶微笑稱讚表現良好的學員。學員的去甲腎上腺素開關，通常是處於「關閉」狀態。也因此，在「開啟」時才能產生更好的效果。

我也經常為企業舉辦心靈健康講座，想要聽眾中間不休息，連續聽完長達九十分鐘的演說，實在不太可能。但如果偶爾在講課中突然「放大音量」，聽眾就會瞬間專注。

這個技巧也可以運用在指導部屬方面。區分「斥責」和「讚美」的使用原則，便可以提升部屬的專注力。

這個技巧之所以有效，是因為當人感到「恐懼」時，會大量分泌去甲腎上腺素。更正確的說法是，去甲腎上腺素是一種面臨「壓力」時，會分泌的荷爾蒙，而「恐懼」就是處於「巨大壓力」下的一種狀態。

比恐懼再小一點的壓力，也會促進分泌去甲腎上腺素。

例如，在會議中突然點名某個人發言，在場的其他人也會擔心「下一個被點到的會不會是自己……」即使是這種程度的壓力，也會分泌去甲腎上腺素，提高覺醒度和專注力。

除了發怒和斥喝，「大聲疾呼」——說話音量突然變大，也能發揮同樣效果。

在談話中，突然大聲強調：「這裡很重要！」聽眾便會驚醒，專心聽講。我們不可能對著客戶怒罵，但至少可以加大音量強調重點。原本心不在焉的客戶，或許會開始專心聆聽。

☑

一發致勝！去甲腎上腺素讓你做事不再散漫拖延

設定期限，大幅提升工作效率

閱讀各類有關「工作方法」的書籍後，我發現很多書都寫著「只要設定期限，就能大幅提升工作效率」。

如同成語「狗急跳牆」和「背水一戰」所述的情境，一旦人被逼入絕境，往往會發揮高出潛能的實力。

其實這種反應也與去甲腎上腺素密切相關。

應該很多人都有過這樣的童年經驗：不到最後一刻絕對不寫暑假作業，非得等到八月三十一日、暑假最後一天，才一次寫完。

為什麼一天就可以寫完全部的暑假作業？

理由很簡單。因為有「今天不寫完，明天就會被老師罵」的壓力。

職場上也會發生類似狀況。

「若來不及明天完成，可能會有違約的問題。」

「如果今天晚上做不出簡報資料，就完蛋了。」

「不趕在明天以前完成的話，一個月的努力都白費了。」

截止期限快到時，多少都會產生壓力。雖然不至於到恐懼，但由於也是危機狀況，因此人會被壓迫感和緊張感所支配。

在這樣的狀態下，必然會分泌去甲腎上腺素，使注意力和專注力提升，而得以讓工作大有進展。

你或許會覺得在被期限追著跑、短時間內完成的工作，品質會變差，不過從我個人的經驗來看，剛好相反。

我曾經發行過收費的電子報《優質商業心理學》。它每個月出刊三次，每篇文章篇幅約五十張四百字的稿紙（約兩萬字），算是篇幅很長的文章。

但我只要花兩天就可以寫好電子報的內容。大部分的人聽到以後會感到訝異，但「兩天寫完文章」其實是我為自己訂下的期限。

剛開始我花一星期才寫得完，但這樣等於把時間都用在電子報上面，無法寫其他文章。由於這種做事方式的效率奇差無比，因此我規定自己要「兩天寫完付費電子報的文章」。

訂下這個期限後，相同字數的文章原本要花一週來寫，現在只要兩天就能完成。文章的品質非但沒有降低，反而還變好了。

收費電子報的發刊日是固定的，如果當天沒有發刊，就收不到費用。因此我有「必須兩天寫完」的巨大壓力。

壓力促使去甲腎上腺素分泌，大幅提升我的注意力和專注力，讓我得以在短時間內就產出品質良好的文章。

你在工作時，不應該散漫地做事。只要為自己設定期限和時間，就可以增加工作效率。

就算工作沒有期限，也可以自行設限，給自己壓力，以提升注意力和專注力。

運用去甲腎上腺素的注意事項

「到北海道工作的這一年，希望你盡全力犧牲奉獻。」

聽到主管對你這麼說，你會怎麼想？

你大概會覺得「一年這麼久，怎麼可能一直拼命」。這段期間實在太漫長了。

但如果換成「距離交貨期限還有一星期，請你使命必達」，你就不會感到絕望。當然，幹勁也會油然而生。

本章介紹的「去甲腎上腺素工作術」，其實就是利用恐懼和壓力提升專注力。

可想而知，這個方法不能長期、持續使用。只限定於用在重要場合，才能發揮功效。

主管嚴厲斥責部屬的失敗，會讓部屬嚴肅地聽主管訓話。但是主管天天罵的話，部屬又會怎麼想？

「今天又要發脾氣了吧……」

部屬只會這麼想。就算表面態度恭敬，心裡也一定在想「又來了」、「聽聽就算了」。

因此，去甲腎上腺素工作術，很容易出現「習慣」效果。

以平林老師的課程為例，因為它屬於「短期」研修（通常只為期一天或兩天），所以她的授課方法，才得以發揮最大的效果。

體育界也一樣，會聘請有「戰將」、「猛將」之稱的教練，來重建一支萎靡不振的球隊，在前一、兩年的確可以發揮驚人的效果，但也很快就會後繼乏力。

夾雜著斥責的嚴厲指導，能夠讓球隊的氣氛變得嚴謹，使球員專心練習。這屬於去甲腎上腺素型動機。

但若長期抱持去甲腎上腺素型動機，會出現「習慣」效果。因此成效會逐漸不如初期使用時顯著。並且，選手會感到疲憊，原本可以有效「產生意欲」的疾呼和怒吼，反而淪為選手「疲乏無力」的原因。

很多人覺得「到北海道工作的這一年，希望你盡全力犧牲奉獻」這句話聽起來怪怪的，其實這是因為我們本能地理解，人無法長期保有去甲腎上腺素型動機。

只有在速戰速決型的任務中，才能發揮去甲腎上腺素的效果。

有些企業為了降低人事成本，員工人數明顯不足，使員工長期處於嚴苛的勞動環境中。這顯然是錯誤的做法。

去甲腎上腺素型動機，維持半年、一年後一定會蕩然無存。有的人甚至會身心俱疲、陷入憂鬱。

全力犧牲奉獻式的工作方式，最長只能維持一個月左右。

超過這個期間，僅會累積疲勞，反而降低成效。

☑

奮戰也要用對武器！洞悉兩種腦內物質型動機

由〈北風與太陽〉揭示最理想的工作方法

你應該聽過《伊索寓言》中的〈北風與太陽〉。

故事內容是北風與太陽決定舉行一場比賽，看誰比較強大，於是決定「誰先讓路過的旅人脫下斗篷，誰就贏了」。

首先，北風使勁地吹，想要吹掉旅人的衣服。但是北風吹得越用力，怕冷的旅人就包得越緊。北風吹不掉旅人的衣服。

接著，換太陽以燦爛的陽光照射大地。旅人受不了酷暑，便脫下了衣服，讓太陽贏得這場比賽。

這則寓言蘊含許多意義，它也恰好象徵了去甲腎上腺素和多巴胺的功能。人類的行為動機可分為兩種：「避免不快」和「追求快感」。

《伊索寓言》中的旅人，在北風吹起時，為了避寒（不快），所以把衣服拉緊。相反地，在太陽溫暖照耀下，為了尋求適當的溫度（快感），所以脫掉衣服。前者屬於「去甲腎上腺素型動機」，後者則是「多巴胺型動機」。

・去甲腎上腺素型動機

盡量避免「恐懼」、「不快」及「責備」。

・多巴胺型動機

盡量追求「快樂」、「犒賞」及「讚美」等獎賞。

以小孩的學習為例，「為了不被爸媽和老師罵而用功」屬於去甲腎上腺素型動機；「為了得到爸媽和老師的稱讚而用功」是多巴胺型動機。兩者的作用

兩種動機

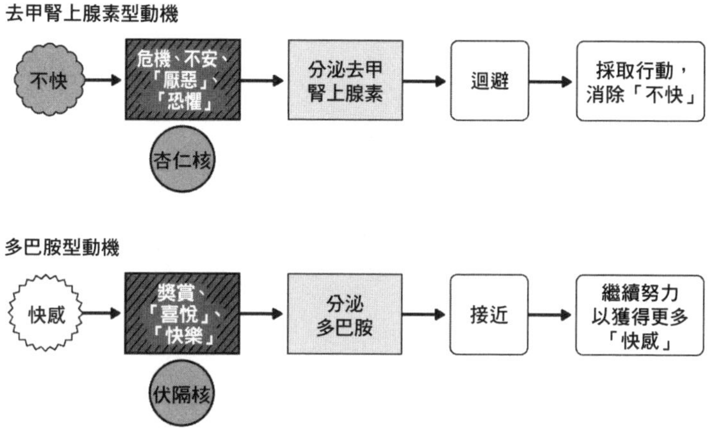

看似相同，其實殊異。

去甲腎上腺素型動機使人迅速迴避危險和危機，因此具有速效性；多巴胺型動機則是在得到成果和獎賞之後，使人提高動力，產生「繼續努力」的幹勁，因此需要較長時間才能真正發揮效用。

也就是說，去甲腎上腺素適用於短期目標，當要長期奮戰時，則應該運用多巴胺型動機，這才是理想的工作方法。

關於有效促使多巴胺分泌的方法，可以參照第一章。

區分斥責與讚美，打破意志消沉的惡性循環

前幾天，我有一位擔任鋼琴老師的朋友，來找我諮詢。「媽媽管教方式太嚴格的小孩，鋼琴怎麼學都學不好。我不知道怎麼和這些媽媽解釋。」

雖然我們可以理解媽媽期盼小孩彈好鋼琴的心情，但很多媽媽都會歇斯底里地罵小孩「這麼簡單還彈錯」、「你就是練習不夠，才不會進步」。在鋼琴老師面前，已經是這種態度，回到家一定更嚴格。媽媽如此嚴厲，孩子當然會變得畏畏縮縮。在「強迫感」中，逐漸討厭彈鋼琴。

孩子再怎麼練習，都得不到讚美。因此，孩子會失去動力，無心練習而放棄學習……就此陷入「惡性循環」，甚至不再碰鋼琴。

另一方面，他表示鋼琴彈得很棒的小孩，他們的母親的共通特質是「對小細節不苛刻」、「懂得稱讚孩子」。

這類型的父母懂得尊重孩子的自由意志。

他們的行為讓孩子「更喜歡鋼琴」。這類父母也不會因為孩子的一點失誤就發脾氣，強迫他們「一定要練習」或「必須〇〇」。

比起「責備」，這類父母更重視「讚美」。

他們並不是誇張地將孩子捧上天，而是與孩子保持適中的距離，為孩子加油打氣。

這樣的親子關係，也可以應用於主管和部屬的關係。

去甲腎上腺素型指導，也就是「斥責型」指導，絕對不可能長期維持。長久下來，只會令人意志消沉。

並且，平常因為一點小事就任意謾罵，等到對方真的做錯事，想要予以導正時，反而無法有效糾正。責罵雖然重要，但日常生活中經常出現的小疏失，並不應該大聲斥責。

反之，多巴胺型指導，也就是「讚美型」指導，才能長期維持幹勁，讓孩子有所成長。

以多巴胺型指導為核心，適時給予「管教」。保持兩者平衡相當重要。

運用去甲腎上腺素型動機，業績衝第一

去甲腎上腺素型動機（＝避免不快），與多巴胺型動機（＝追求快感）的機制也可以運用在研發商品上。

商品可大略分為兩種：「解決不快及不便的商品」和「提供快樂的商品」。

以家電來講，洗衣機和吸塵器屬於「解決不便的商品」。因為要手洗每一件衣服，或拿著掃把和除塵拖把打掃實在太麻煩了。所以，洗衣機和吸塵器才會成為每個家庭的必備家電。

電視等家電則是「提供快樂的商品」。人們透過電視，不費吹灰之力就可以得到「趣味」、「高興」等愉悅感。為了追求快樂，幾乎所有家庭都擁有電

視。

此外，也會有「兼具消除不便與提供快樂的商品」，即此商品能同時滿足去甲腎上腺素型動機和多巴胺型動機。

例如：泡麵可以解決「複雜的烹調手續」（不便），同時也可以提供「美味」（快樂）。

日常生活中，當你心中有能為人類提供「快樂」、「有趣」、「便利」的靈感乍現時，如果能將之開發成商品，或許可以成為熱門商品。

或者，在生活中感到「不方便」、「不愉快」、「麻煩」時，如果能研發出改善這些問題的商品也很棒。這些商品或許也有機會熱銷。

這種時候，哪一種動機比較強烈？答案是，去甲腎上腺素型動機比較強烈。就算無法立刻獲得「快樂」，也不會嚴重危害到日常生活，但是人們會想立刻消除「不快」。

這樣的思維也可以運用在銷售第一線上。針對自己販售的商品，思考「能不能消除顧客的不快和不便？」、「能不能給予顧客快樂？」你就能想出不同以往的銷售方法。尤其可以消除「不快」的去甲腎上腺素型動機，更可以點燃消費者的購物欲望。

「是否覺得天天吸地板很麻煩？掃完整棟房子，都不曉得花了多少力氣和時間？只要使用這台掃地機器人，按下按鈕就能讓你一覺醒來，房子變得乾淨溜溜。」

這就是利用去甲腎上腺素型動機的推銷模式。是不是很令人驚豔？

以人性為訴求，業績就能有突破性成長。

點腦成金！

適量去甲腎上腺素讓你不憂鬱、高效率

借力使力！適當壓力是你面對挑戰的助力

去甲腎上腺素除了因應壓力而反應外，在腦內還負責一個非常重要的功能，那就是「工作記憶」。

工作記憶可說是「大腦的筆記本」，可以把它想成是暫存極短期資訊的空間。大腦會在這裡排列「資訊」，進行作業。

例如，你問了一個朋友的手機號碼。在他說了「一二三四－五六七八」之後，你約需五秒至十秒才可以將這組號碼，儲存在自己的電話簿裡。

在這幾秒間，「一二三四－五六七八」這組數字，已經暫存在腦內的工作記憶中。由於只是暫存，因此慢慢就會忘記。

掌管工作記憶的是位於額頭後面的「前額葉皮質區」。

前額葉皮質區是人類腦部最發達的部位，約占大腦皮質的三〇％。即使是可以進行高階腦部活動的人猿，前額葉皮質區的比例也不過在一〇％以下。由此可知人類前額葉皮質區的比例相當大，因此前額葉皮質區也被視為「執掌人類特性的部位」。

前額葉皮質區是腦內各種資訊匯集的地方，進行「思考」、「決策」、「壓抑行動」、「控制情感」、「溝通」等多項重要行為。

前額葉皮質區也分布著多巴胺和血清素等神經傳導物質，而其中去甲腎上腺素與多巴胺，皆與工作記憶有密切關聯。

適當的去甲腎上腺素會產生適度的興奮感，有利工作記憶運作；而過量的去甲腎上腺素會導致過度緊張，有礙工作記憶運作。

也就是說，工作記憶的運作方式，會隨著去甲腎上腺素的活化程度而改變，因此「壓力程度」是很重要的關鍵。

「壓力」看似有害，不過適度的壓力會分泌適量去甲腎上腺素，進而活化工作記憶，加快大腦轉動速度，有助提升工作效率和品質。

東邦大學的有田秀穗教授出版過許多與大腦有關的書籍，他曾說過：「多巴胺是學習腦；去甲腎上腺素是工作腦；血清素是共感腦。」

與工作記憶息息相關的去甲腎上腺素被稱為「工作腦」，可見其在各類工作上的重要性。

你累了嗎？去甲腎上腺素枯竭與憂鬱症的關係

升級電腦的記憶體，電腦的運作速度會明顯增快。同理可證，分泌去甲腎上腺素後，有助提升注意力和專注力，使作業效率變快。只要工作記憶處於活躍狀態，大腦的工作效率也會大幅提升。

相反地，當去甲腎上腺素活性降低，工作記憶無法正常運作時，恐怕就會陷入「憂鬱症」。

憂鬱症有兩種較廣為人知的症狀：「什麼都不想做」（意欲低下）和「無精打采」（情緒憂鬱）。然而這兩種症狀在憂鬱症初期，通常都不明顯。反而很多憂鬱症患者都表示，他們在憂鬱症初期，會出現「注意力和專注力低下」的情況。

當去甲腎上腺素的活性降低，工作記憶的功能（暫時保存記憶）也會跟著鈍化，容易犯下「粗心的錯誤」。具體而言，包括：「簡單工作的出錯次數頻繁」、「完全忘記重要的約定」、「漏聽別人的話」等行為。你是否也出現了這些行為？

這些症狀雖然不一定都和憂鬱症直接相關，但有很高的可能性代表大腦處於疲乏狀態。你腦中或許缺乏足夠的去甲腎上腺素。

這種時候，請重新檢視自己的生活，想一想「工作是不是太忙了？」、「有沒有好好休息和睡覺？」如果不改正過勞和亂七八糟的生活習慣，最後就有可能會惡化成憂鬱症。

長期壓力下的反應

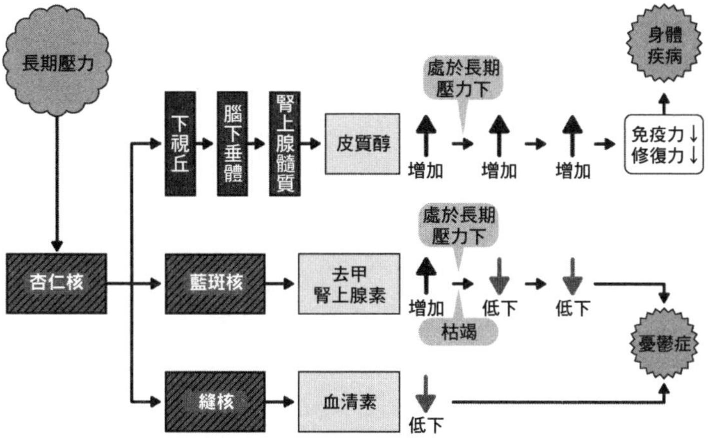

關於憂鬱症的成因有很多種學說，很難一言以蔽之，不過我還是希望能簡單地講解一下。

以腦科學來講，憂鬱症是「去甲腎上腺素和血清素枯竭的狀態」。

去甲腎上腺素在壓力狀態下會分泌，如果在職場上和私生活中都面臨壓力，就會不停分泌，直到枯竭。

第四章會詳細介紹血清素，在這裡我們也可以稱其為「放鬆物質」。由於「感受到壓力＝不放鬆」，因此如果長期處於壓力之下，會導致血清素習慣於低下的狀態。

血清素和去甲腎上腺素的生成速

度有限。一旦長期處於分泌量（消耗量）大於生成量的狀態，最後就會逐漸枯竭。

而憂鬱症會導致去甲腎上腺素和血清素的生成速度變得更慢，因此更容易枯竭。

慢性壓力也會影響去甲腎上腺素和血清素。

腦內物質的生成和分泌有個體差異。就算任職於同一家公司，面臨相同的壓力，有些人較容易分泌去甲腎上腺素和血清素，有些人則比較難。即使是業務繁重、容易有壓力的公司，有的人會罹患憂鬱症，當然也會有員工幾乎不受影響。

有的人因為工作罹患憂鬱症，結果被主管大罵「無能」、「懶惰」。這是非常詭異的事。

對於壓力反應過度敏感，腦內物質的生成功能變差，也和生物學因素有關。想靠「打起精神」、「用意志力撐過去」、「努力就會成功」等精神喊話，治療腦部變化所導致的憂鬱症，實在是天方夜譚。

四大技巧幫你順利做完「不想做的工作」

不過，對大部分的上班族而言，往往「不想做的工作」會多過「喜歡的工作」。不管是主管或客戶，都會提出無理的要求。

大致有四種方法處理這些「不愉快」的工作。

- 利用去甲腎上腺素的「背水一陣」效果，快速處理完畢。
- 從「不愉快」的工作中找到「快樂」（參閱第六〇頁的「重新框架理論」，運用正向思考）。
- 透過「犒賞自己」，讓苦差事變「快樂」。
- 拒絕不愉快的工作。

喬治．克隆尼主演的電影《型男飛行日誌》（*Up in the Air*），榮獲多項電影獎項提名，不但劇情有趣，它也可以運用在提升工作動機上。

主角萊恩．賓漢是位企業資遣專家，專門負責替企業或公司資遣員工。被資遣的員工，會在自己面前崩潰大哭，甚至大發雷霆。坦白講，這不是會令人充滿幹勁的工作。

萊恩也很清楚這一點，但他仍然保持高昂的動機，敏捷迅速地完成工作。也就是說，即使每天做著令人不快的工作，他仍舊保持高昂動機。

到底該怎麼做才能維持動機？祕密就在於電影中的「飛行里程數」。

喬治．克隆尼所飾演的萊恩，一年幾乎有三百二十二天都在搭飛機飛往全美出差，他累積的飛行里程數當然也很驚人。

萊恩最大的夢想，就是累積到一千萬英里。

由於無法從工作本身找到「快樂」和「成就感」，因此他透過「犒賞自己」維持動機。

如果真的無法享受工作，就在工作以外的地方尋找樂趣。

自己的大腦自己救！這樣做就能排出情緒毒

只要開心，再忙都沒關係？別做夢了！

持續處於壓力狀態，會使去甲腎上腺素分泌不足，長期下來就會有罹患憂鬱症的風險。

為了避免發生這種事，應該注意不要長期生活在壓力下。確實「休息」才是維持工作動力的不二法門。

近來，日本由於實施Happy Monday制度，三天連假的機會變多了，不過在一場三天連假開始前舉辦的派對上，有一位創業家表示：「不覺得最近放假放太多了嗎？我是愛工作的人，所以比較希望正常上班。」

我完全不認同這種想法。他可能認為「喜歡工作的人不會得憂鬱症」，但壓力的累積無關乎心態是喜歡或厭惡。

我有一位朋友B，非常熱愛工作。連續加班對他來說是家常便飯，不必上班的假日他照樣去公司，總之他的生活便是以工作為優先。

我每次和B見面，都會建議他「好好休息比較健康喔！」但他卻屢勸不聽，認為：「沒辦法，我太愛工作了。每天都很快樂，完全沒有壓力。」有一陣子沒跟B聯絡，之後才聽說他住進精神科醫院，原來是得了憂鬱症。

當精神緊繃時，就是處在壓力狀態。重要的是用多少時間舒緩這些壓力。晚上下班回到家或假日時，必須確保擁有「放鬆時刻」，以緩解精神的緊繃。此時必須關掉去甲腎上腺素的分泌開關，製造必要的需求量即可。

在工作上，必須注意其中的「輕重緩急」。上班時間精實的工作，下班後則好好休息，或者去玩個徹底。

有意識地放鬆，才能緩和你的緊張，讓大腦不再無限制地分泌去甲腎上腺素。

要大腦放鬆，你要有不滑手機的勇氣

前陣子，我和幾個朋友一起去泡溫泉。當時同行的朋友Ｄ，每半小時就要用手機收一次電子郵件。

明明是為了好好休養放鬆才來泡溫泉，Ｄ卻將心思都放在收發工作信件上，完全沒確實休息。

注意。

意識。

掛念。

上述反應都表示你的工作記憶正在運作中。「在意有沒有工作上的郵件」，就是工作記憶運行的狀態。這種狀態當然也會分泌去甲腎上腺素。

既然都特別規畫了放鬆之旅，就關掉手機吧！

工作與否，會影響去甲腎上腺素的分泌開關。假日和休假時，不妨直接關掉手機。

長時間旅行時，我只在早上收一次信，絕對不會一天查詢好幾次。

相反地，作家Y是我認識二十幾年的老朋友，他說：「不會帶手機去旅行。」

Y是高人氣作家，平時是大忙人，總是被截稿期限追著跑。對他而言，沒有手機等於無法工作和生活。

因為如果帶手機去旅行，絕對會被很多公事打擾。這樣便會失去度假的意義，因此私人旅行時，他反而會將手機留在家裡。

我想應該很少人可以做到這種地步，但這是很棒的習慣。不帶手機的話，在兩、三天的短期旅行中，就能完全進入放鬆狀態吧。

徹底忘掉工作，關掉所有開關。這就是理想的假日模式。請意識著理想的假日模式，讓腦袋好好休息。

製造去甲腎上腺素的最佳飲食法則

藉由飲食能改變去甲腎上腺素的運作方式，也可以提升專注力和工作記憶。

苯丙胺酸為一種必需胺基酸，是生成去甲腎上腺素不可或缺的原料。必需胺基酸是指「無法由其他胺基酸合成」的胺基酸。如果不從食物中攝取，就會含量不足。

肉類、海鮮、大豆製品、南瓜、雞蛋、乳製品、起司及堅果類（杏仁或花生）等，都含有苯丙胺酸。

這些都不是特殊食材。只要「飲食均衡」，都不會發生苯丙胺酸不足的情況。如果出現缺乏苯丙胺酸的情況，很可能是因為偏食、極端減肥法等不正常飲食所致。

另外，苯丙胺酸要生成去甲腎上腺素，也不能少了「維生素C」。少了維生素C，就算原料苯丙胺酸再充足，還是無法順利生成去甲腎上腺素。

西洋芹、綠花椰菜、青椒、小松菜等黃綠色蔬菜，及檸檬、草莓、橘子、葡萄柚、柿子及奇異果等水果都富含維生素C。雖然號稱「維生素C含量高達上百顆檸檬」的營養保健品和健康飲料的銷量都很好，不過攝取過多的維生素C，幾個小時內就會排出體外。一次攝取大量維生素C是沒有意義的，將攝取量平均分配至三餐才是最有效的方法。

此外，很多網站行銷保健品時，會號稱苯丙胺酸，及第四章將提到的色胺酸（合成血清素的必要原料），「具有預防、治療憂鬱症的效果」。或許是因為這個緣故，這一類的保健品也很受歡迎。

但是，幾乎沒有任何大規模的醫學研究指出，這些營養保健品有助於預防、治療憂鬱症。

另外，也沒有實驗證明，大量攝取苯丙胺酸，就可以合成更多去甲腎上腺素，提升專注力。

與酪胺酸製造多巴胺的原理相同，缺乏苯丙胺酸會導致功能衰退，但攝取過量並不會提升相關功能。

最重要的是，從飲食中攝取必需胺基酸和維生素。任何一種營養品，效果都比不過均衡的飲食習慣。

Chapter

2

摘要

總結

- □ 在「戰鬥或逃走」狀態，會分泌去甲腎上腺素。
- □ 恐懼或不安時，會促進分泌去甲腎上腺素，提升注意力、專注力及覺醒度。
- □ 去甲腎上腺素型動機，在短期內可以發揮最大效果。
- □ 設定截止日期，就能大幅提高工作效率。
- □ 應該區分運用多巴胺型動機（＝稱讚）和去甲腎上腺素型動機（＝責罵）。
- □ 從「避開不快」的去甲腎上腺素型動機中，可以挖掘到商機。
- □ 「粗心的過失」增加時，表示大腦處於疲乏狀態，是提醒人必須休息的警示燈。
- □ 即使樂於工作，依然會產生壓力。請注意不要過度工作。
- □ 只要意識到「工作」，就會形成壓力。休息時，關掉手機，徹底忘掉工作非常重要。

Chapter 3

Thema

悅神分心快當機！
活用競爭物質讓你逆轉危機

腎上腺素工作術

Business skills using Adrenaline

Neurotransmitter

ADRENALINE

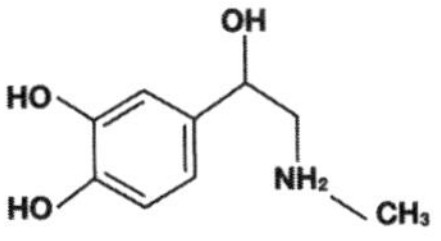

✓ 揭開腎上腺素的神祕面紗

持續刷新世界紀錄的祕密

葉蓮娜・伊辛巴耶娃（Yelena Gadzhievna Isinbayeva）是在北京奧運女子撐竿跳項目中獲得金牌的俄羅斯選手。她成功挑戰被視為「女性不可能」跳過的五公尺高度，目前為止已刷新二十八次世界紀錄。在北京奧運也以五・〇五公尺的成績，締造了新的世界紀錄。

伊辛巴耶娃選手在明石家秋刀魚主持的奧運特別節目中，被問到：「到底可以跳多高？訓練時，是不是可以跳到五・二〇公尺？」

她回答：「跳不到這麼高。最高只有到四．八〇公尺。因為練習時不像正式比賽會分泌大量腎上腺素。而且也不必特別練習跳多高，反覆練習基本功比較重要。」

我十分贊同她的說法。

不斷刷新世界紀錄的頂尖選手，練習時就意識到「腎上腺素」，並期待在正式比賽時用上場。

腎上腺素是在人們感到恐懼和不安時，承接交感神經的指令，從腎上腺髓質分泌，協助「戰鬥」或「逃走」的荷爾蒙。

當腎上腺素釋放至血液後，心跳會變快，血壓會升高，血液會流至肌肉中。此時，血糖升高、瞳孔放大、覺醒度提高、注意力和專注力提升，身體和腦部都處於「備戰狀態」。

讀到這裡，你可能會覺得這跟前一章「去甲腎上腺素」的作用有點類似，兩者連名稱都看起來很相似。它們都是使人避開恐懼和危險的「逃走荷爾

腎上腺素的合成過程

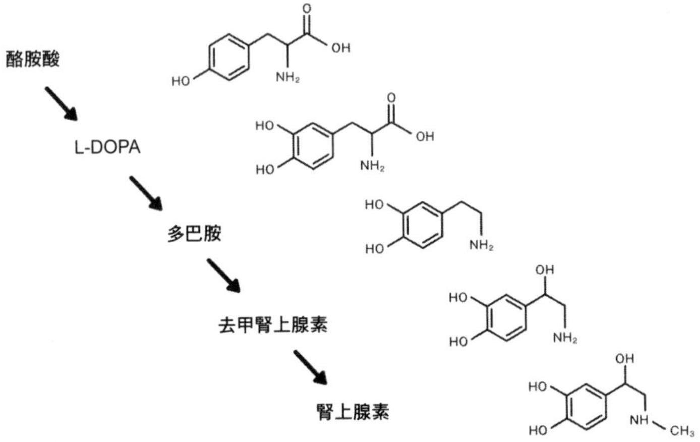

蒙」。

不過這兩種荷爾蒙截然不同。去甲腎上腺素主要活躍於大腦和神經系統，而腎上腺素則是影響大腦以外的身體器官，主要作用於心臟和肌肉。

去甲腎上腺素和腎上腺素與第一章的多巴胺，都是興奮性的神經傳導物質，彼此密切相關。

腎上腺素的合成過程為：「酪胺酸→L-DOPA→多巴胺→去甲腎上腺素→腎上腺素」。去甲腎上腺素在腎上腺髓質中轉換為腎上腺素。

說明得再詳細一點則是，除了腎上腺髓質外，交感神經末端也會分泌去甲腎上腺素，但是腎上腺素則只會從腎上腺髓質分泌。

去甲腎上腺素和腎上腺素的接受器，分布於腦內和全身各處。但是從比例上來看，去甲腎上腺素的接受器大多分布於大腦，腎上腺素的接受器則分布於全身器官，尤其是「心肌」、「平滑肌」等肌肉，也因此腎上腺素主要影響心臟和肌肉。

另一方面，腎上腺素也與「增強專注力」和「穩固記憶」息息相關，對大腦的精神功能也會產生重大影響。

不分泌腎上腺素就會死亡？

日本和歐洲等地都使用「Adrenaline」來稱呼腎上腺素，不過美國則是用「Epinephrine」。前一章提到的去甲腎上腺素（Noradrenaline），在美國則稱為「Norepinephrine」。

發現腎上腺素的其實是日本人。一九九〇年，高峰讓吉是世界上第一個從牛的腎上腺中分離出腎上腺素，並結成晶體的科學家。高峰讓吉是日本理化學研究所的創立者之一，也是消化藥「高峰氏澱粉酶」（Takadiastase）的發明者，日本人或許覺得這個藥名還比較耳熟。

同一時期，美國和德國等地也展開研究。美國生理學家約翰・雅各布・阿貝爾（John Jacob Abel）將從羊的腎上腺分離出來的物質命名為「Epinephrine」。因此，目前在美國「Epinephrine」仍然是腎上腺素的主流名稱。

高峰讓吉的生平和發現腎上腺素的過程，詳細地紀錄在電影《櫻花、櫻花，武士科學家高峰讓吉的一生》中。這部作品完整描繪出高峰的獨特個性和豐富的歷練。他與美國女性結婚，並在美國展開研究生活，這在當時是非常罕見的經歷。

提及電影，日本將二〇〇六年上映的電影《*Crank*》翻譯成《腎上腺素》。由演出《玩命快遞》（*The Transporter*）而爆紅的傑森・史塔森主演，而電影名稱的原文「Crank」，其實是興奮劑的俗稱。

職業殺手契夫（傑森・史塔森）一覺醒來，發現自己被仇人維羅納下了毒藥，只剩一個小時可以活命。

想要停止毒藥的作用，只能持續分泌腎上腺素。契夫不斷地激烈運動、打架、冒險、發生性行為，透過各種「興奮」的刺激持續分泌腎上腺素，他為了向維羅納報仇，橫越整個洛杉磯街頭找尋線索。

雖然是有點搞笑、劇情也滿粗糙的B級動作片，但是「不分泌腎上腺素就會死亡」，其實是滿新鮮的故事設定。最重要的是，看過這部電影之後，可以知道到底要怎麼促進腎上腺素分泌。

日本將電影名稱翻譯成腎上腺素，也讓日本人對這個名詞不再陌生。

的確，日本人在日常生活中經常說「全身充滿腎上腺素」、「讓腎上腺素分泌」，音樂家山崎將義也曾發表〈腎上腺素〉這首歌。

另外，還有一個名詞叫做「腎上腺素成癮者」（adrenaline junkie），用來形容不甘於平淡的日常生活，喜歡追求興奮、危險及刺激活動，以分泌腎上腺素的人。

例如，不斷挑戰跳傘、高空彈跳、越野車等伴隨強烈興奮和恐懼感活動的人；在職場上，覺得不忙就沒有價值、專門挑戰高風險或期限很短的工作，或是喜歡加班，連假日都要到公司加班的人。

一般而言，「分泌腎上腺素」等於「神經興奮、情緒高昂的狀態」。不過在這種時候，腎上腺素到底如何運作？又有何種功能呢？

正確分泌腎上腺素，提升實力好迅速

要金牌，先嘶吼！

應該很多人都曾在電視節目中看過，日本鏈球選手室伏廣治在丟出鏈球前，會發出一聲巨吼。不只室伏選手，很多田徑投擲項目的選手，丟擲前都會先大聲嘶吼。

為什麼投擲項目的選手，要發出巨吼聲？

很多人會覺得應該是替自己「集氣加油」，不過並非如此，而是因為要讓腎上腺素分泌。

大聲吼叫，可以刺激腦部，分泌腎上腺素。科學實驗也證實「嘶吼」具有上述功效。

其他項目的運動選手，也會運用吼叫來加強自己的表現。

例如排球比賽中，每一節開始前或暫停時間過後、重新發球比賽前，球員們經常會高喊「加油！」、「歐——」；棒球選手也一樣會在比賽前吶喊「加油、加油、加油、加油，歐——」，讓氣勢高昂，凝聚向心力。

格鬥和劍道也會透過「集氣」，在攻擊瞬間或對峙時發出聲音。藉由腎上腺素集中精神的同時，也能讓肌肉充滿力量。

人們在工作上展開大型計畫時，也會大聲告訴自己「加油！」雖然上班族不需要得到強大的肌力，不過腎上腺素可以提升專注力和判斷力。藉由嘶吼來活化腎上腺素，也有助提升上班族的工作效率和品質。

然而，想要讓腎上腺素分泌，必須非常大聲吼叫才可以。像室伏選手一樣從丹田用力發出「巨吼」，才會誘發腎上腺素分泌。

丹田用力，從腹部使盡全力大吼才可發揮效果，促進腎上腺素分泌。

善用走投無路的局面，化危機為轉機

簡單來講，腎上腺素有兩種功效：

・暫時強化身體功能和肌力的「身體效果」。
・提高專注力和判斷力的「腦部效果」。

俗語說：「人急懸梁，狗急跳牆。」當火災發生時，有老奶奶竟能背起平時根本搬不動的大櫃子，這個超能力正來自於腎上腺素。

有些棒球選手說「看得到球停止的瞬間」，職業拳擊手表示「看得到對方出拳」，這都是因為腎上腺素的影響。在腎上腺素分泌的狀態下，人會覺得時間的流動變慢了。

不過，值得注意的是，腎上腺素的效果最長只能持續三十分鐘。棒球選手上場前大吼「加油，歐——」，誘發分泌腎上腺素，功效也不可能持續到整場比賽結束。只能等到陷入危機或關鍵時刻再嘶吼，才能讓效果加倍。

在比賽中面臨再拿一分就可以贏，或失掉一分就會輸的狀況時，教練會指示球員圍成一圈，並大聲嘶吼「加油，歐——」。這不僅有凝聚向心力的心理作用，就腦科學而言，也具有相當大的意義。

俗話說「危機就是轉機」，從腦科學來講這也是正確的。感到「危機」的瞬間，由於也感覺到「不安」和「恐懼」，因此會開始分泌腎上腺素和去甲腎上腺素。此時，我們的身體功能會發揮得更好，也比平時更專注，得以發揮超越實力水平的表現。

再者，腎上腺素也會因為「憤怒」而分泌。

在格鬥競技中，選手會在賽前惡狠狠地瞪著對手大聲謾罵，完全表達出「憤怒」。

藉由刻意引爆自己的怒氣，讓自己處於憤怒的狀態，使交感神經興奮，有意識地分泌腎上腺素，而能獲得強化肌力的效果。

注意！你不該讓腎上腺素狂噴

心臟激烈跳動。流手汗。腋下多汗。過度興奮導致頭腦一片空白。出現上述症狀時，就應該懷疑是否「腎上腺素分泌過度」。有些運動選手會面臨「肌肉僵硬，無法行動自如」等情況。的確，緊張很可能會讓血壓升得過高，而一旦肌肉過度充血，就無法有最佳的表現。

即使「危機就是轉機」，但人如果被逼得太緊，腎上腺素過度分泌，反而會產生不良作用。

另外，格鬥競技中也經常出現選手太興奮，攻擊過度的猛烈場面。尤其在立技格鬥中，攻擊倒下的選手是犯規的行為，犯規選手甚至會因此輸掉比賽，但仍有犯規行為發生。會出現上述情況，可能是過度分泌腎上腺素所致。

有的人做了可怕的事之後，會說自己「當時腦袋一片空白」，其實原因也是腎上腺素分泌過多。

適當分泌腎上腺素，可以提升肌力和專注力，使自己表現出色，表現超越潛能。相反地，如果過度分泌，則會令人失控，做出匪夷所思的事情。或者，導致肌肉僵硬，無法保持在最佳狀態。

「適度分泌」腎上腺素非常重要，「過度分泌」反而會產生不良作用。千萬不要忘記這一點。

別被壓力劫持！霸氣掌控腎上腺素分泌開關

絕對不能奮戰二十四小時

曾有一款保健飲品的廣告詞為：

「你能不能連續戰鬥二十四小時？」

白天辛勤工作，晚上繼續加班。有不少人認為二十四小時不斷電的「企業戰士」帥氣十足，對此充滿憧憬。

但是，人絕對無法連續戰鬥二十四小時。

腎上腺素是克服危險和危機的重要物質，但如果分泌過度，反而會導致心跳加速，陷入極度緊張的狀態，令人失去理智，產生不好的結果。

腎上腺素到底是我們的敵人還是朋友？

從結論來看，它是強而有力的朋友，卻也是威脅生命的敵人。

腎上腺素是一種「競爭物質」。當人面臨危機或危險等關鍵時刻，它可以激發出我們未知的潛能。就各方面來看，腎上腺素是我們強而有力的後盾。

分泌腎上腺素時，人們可以發揮絕佳的表現。但如果無法抵抗誘惑，連在日常生活中都不斷想借用腎上腺素的力量，沉浸在腎上腺素所帶來的快感中，持續追求興奮感、危險及恐懼感。此時就會成為「腎上腺素成癮者」。

連續戰鬥二十四小時。

喜歡加班的自己。

常常說「我喜歡工作」。

從假日加班的行為得到自我滿足。

這種人就是腎上腺素成癮者，也可能已經變成不折不扣的工作狂。

身為精神科醫師的我，會告訴這種人「過度工作有害身心健康」，但他們總會反駁說：「喜歡工作很棒啊！想怎麼生活是個人的自由！」

的確，選擇何種生活方式是個人的自由。但過著腎上腺素過度分泌的生活，總有一天會生病。有人甚至忽然間因心肌梗塞、腦中風而逝世。

在職場上永不懈怠的腎上腺素成癮式工作，是相當危險的生活方式。即使現在感覺很充實，卻可能引發心臟疾病、腦中風、糖尿病、癌症等疾病，也會導致憂鬱症上身。

原因就在於腎上腺素是「壓力荷爾蒙」。

腎上腺素是天使，還是魔鬼？

人體內有多種壓力荷爾蒙。

腎上腺素和去甲腎上腺素都是壓力荷爾蒙，面對壓力時會迅速反應並分泌。

如果用兩種壓力荷爾蒙還無法應付壓力，腦下垂體就會分泌「促腎上腺皮質素」（ACTH），腎上腺皮質則會分泌「皮質醇」。

腎上腺素和皮質醇都是針對壓力反應，而來救援的「身心急救隊」。腎上腺素是壓力荷爾蒙的先發部隊，皮質醇則是後援部隊。當然，後援部隊的威力比較強。

壓力荷爾蒙聽起來像是不好的東西，但其實它作用於全身的循環系統、內分泌系統及免疫系統等，為我們抵禦各種壓力，是保護我們的「好東西」。

所有人每天都會分泌腎上腺素和皮質醇。皮質醇會在早上大量分泌，隨著夜晚來到分泌量逐漸變少。腎上腺素也是白天分泌較多，晚上變少。這種為了適應晝夜變化而建立的體內規律周期稱為「晝夜節律」（生理時鐘）。

也就是說，日常生活本身就有壓力，為了應付生活中的壓力，人體每天都會分泌腎上腺素和皮質醇。腎上腺素和皮質醇的分泌是一種生理反應，並不是壞事。

然而，如果晚上血液中的皮質醇濃度還是很高的話，便會對身體造成各種

壓力反應

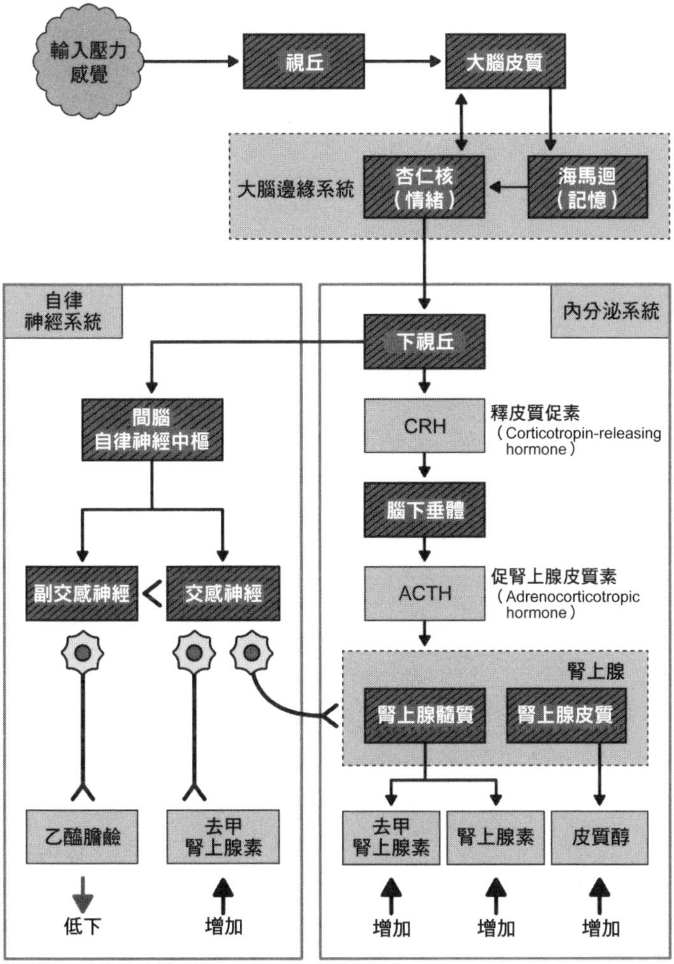

注：為利說明，已簡化實際功能。

不良影響。由於皮質醇會產生「免疫抑制作用」，會導致體內的免疫力下降，抵抗力變弱，容易罹患傳染性疾病。皮質醇也會抑制淋巴球的功能，使人體對癌症的免疫力低下，容易引發癌症。

並且，也因為皮質醇有抑制胰島素的作用，所以如果長期處於皮質醇分泌量過高的狀態，容易導致肥胖、糖尿病等問題。此外，憂鬱症患者往往有皮質醇濃度偏高的傾向，因此無法忽視兩者的關聯性。

人體會隨著時間動員相應的荷爾蒙，讓身體白天適合大量活動，晚上則能休息。

如果壓力反應持續到傍晚，「身心急救隊」一整天都不停活動的話，它們就會陷入疲憊狀態。腎上腺素和皮質醇在白天是人人喜愛的「天使」，但到了晚上則會變身成「惡魔」。

因此，晚上最好請腎上腺素和皮質醇通通消失。只要讓身心好好休息，就能達到這個目的。

加班到深夜。緊張到無法放鬆。生活不規律導致睡眠不足。這些都會激發

交感神經與副交感神經的平衡

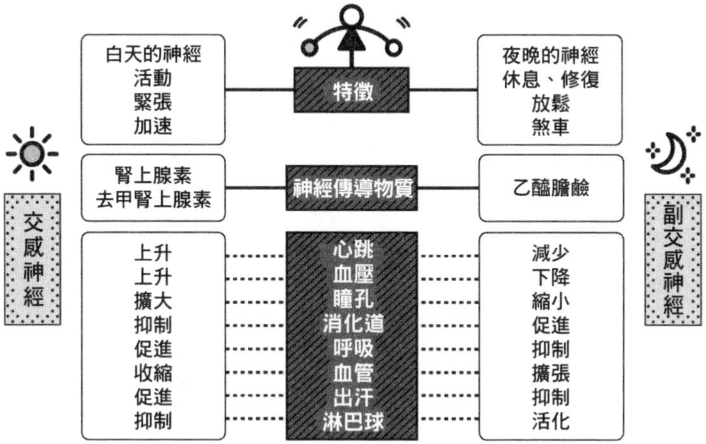

出壓力荷爾蒙「惡魔」的那一面，因此請消除這些因素，讓壓力荷爾蒙維持「天使」臉孔。

全身的器官都受到自律神經系統的控制。自律神經系統可分為「交感神經」和「副交感神經」。交感神經是「白天」的神經，主司「活動」。

副交感神經則是「夜晚」的神經，主掌「休息」。

人類白天活動時，交感神經占優勢，使全身的器官運作活絡。但是，晚上則變成副交感神經占優勢，使人體進入「休息模式」。讓工作一整天的器官，得以在晚間休養、修復。

深夜的高速公路進行道路維修工程時，也會封鎖一邊車道。利用夜間時段，修理因白天車流量大而受損的道路。請想像我們的身體也發生著同樣的事。

控制自律神經的腦內物質主要有腎上腺素、去甲腎上腺素及乙醯膽鹼。由於腎上腺素會作用於交感神經，因此如果夜間持續分泌腎上腺素，身體就無法修復各個器官，造成免疫力下降。

白天分泌腎上腺素，晚上則得停止分泌，這也相當於在交互啟動和關閉交感神經及副交感神經的運作。

贏家，是擅長運用休息時間的人

所謂的「工作狂」可以分為兩種類型。

一種是迅速執行工作，在職場上締造豐功偉業且活得健康長壽的人；另一種是拼命工作，卻在正值壯年時，突然心肌梗塞或罹患癌症等重大疾病。

這兩種人的差異宛如天堂與地獄。

「生病的人只是運氣比較差。」

也許有人會這麼想，但這絕對不只是「運氣好壞」的差別而已。

多數病患，尤其是生活習慣病的患者，生活習慣都不佳，因此會生病也是其來有自。過勞、持續緊張、休息不足、睡眠不足、缺乏運動、偏食等，都是有害身體健康的生活習慣。

《所羅門流》是我很喜歡的電視節目。它是由船越英一郎擔任外景主持人的人物紀錄片，訪問當時的熱門人物和活躍於第一線的焦點人物。

日本有很多類似節目，但《所羅門流》獨特之處在於，它重視的是這些人「如何運用休息時間」。

該節目會呈現主角白天辛勤工作的模樣，也會拍攝他們傍晚和假日的休閒生活。這些人會找空檔休息，專注於自己有興趣的事物上，或者與家人和朋友聚會。

這個節目所拍攝的人物，都很懂得「利用休息時間」。不禁令人覺得工作能力一流的人，也很有生活品味。

他們不但努力工作，也很注重工作以外的「娛樂」和「興趣」，相當用心過生活。他們懂得轉換工作和休息模式。而利用工作之外的「休息」時間充電，更能激發人的想像力和活力。

真正的成功人士，白天辛勤工作，下班後也會確實放鬆休息。他們都是優秀的「腎上腺素工作術」實踐者。

輕鬆關閉腎上腺素的七個習慣

關掉分泌腎上腺素的開關，才能享有放鬆時刻，得以順利從交感神經優位切換至副交感神經優位，睡得更安穩深沉。

想要達到這個目的，如何運用睡前二至三小時非常重要。具體而言，請在日常生活中注意下列事項。

1 避開引起興奮的娛樂活動

當人受到刺激或感到興奮而心跳加速時，便會促進分泌腎上腺素。例如，打電動或看動作片和恐怖片，都會促進分泌腎上腺素。

在KTV唱動感快歌來發洩壓力，效果和「嘶吼」一樣，也會促使腎上腺素分泌。

我的興趣是看電影、打電動及唱KTV。當然也很喜歡從事其他令人興奮的娛樂活動。但我認為這類娛樂不適合在晚上、深夜，尤其是睡前進行。

2 留意泡澡、沖澡的水溫

很多人喜歡下班後泡澡或淋浴，但水溫高低也會刺激交感神經或副交感神經的運作。

超過四十度的高溫，會讓身體切換成交感神經優位；不到四十度的溫水，則會使人處於副交感神經優位。

喜歡泡熱水澡的人，請在睡前兩小時泡完澡。溫水有助放鬆身心，讓腎上腺素不再分泌。尤其以溫水泡半身浴，可以促進切換成副交感神經優位的狀態。

3 入睡前避免激烈運動

有些人會在下班後到健身房流流汗。這是一個可以解決運動不足的好習慣，但是晚上十點以後做激烈運動，且回到家立刻睡覺的話，則會在交感神經優位的狀態下入眠。

激烈運動，包括肌肉訓練和有氧運動，應該在睡前兩小時前結束。入睡前建議做伸展、瑜伽等輕度的身體運動。放鬆肌肉，切換至副交感神經優位的狀態，提升睡眠品質。運動時也可以搭配深呼吸和腹式呼吸。

4 深夜不加班

工作到深夜，搭最後一班車回家。這樣會演變成下班後隨便到超商買點東西吃、洗澡、睡覺的生活型態。

如此一來，會變成入睡前的二至三個小時都還在工作，睡前依舊維持在交感神經優位的狀態。在這樣的狀態下，到家後就算立刻鑽入被窩，也無法馬上切換成副交感神經優位。

在緊張的狀態下上床睡覺，即使睡了也無法充分消除疲勞。加班至深夜的人，只會不斷累積疲勞而已。

5 放慢步調

無所事事、發呆，或者悠哉過生活。

乍看之下你可能會覺得這樣很浪費時間，但「放空」對於停止分泌腎上腺素非常重要。

放空時，播放自己喜歡的音樂、享受芳香療法，特別有助放鬆身心。

很多人回到家後，喜歡看電視放鬆。但其實這並不是一個好習慣，因為電視會讓神經興奮。

人類吸收資訊時，有九〇％都是透過視覺。大腦必須耗費龐大能量來處理這些視覺資訊。

大腦已經一整天疲於處理龐大視覺資訊，回到家後再看電視，簡直是雪上加霜。

因此請不要打開電視，悠哉地度過屬於自己的時間。這不但有助心靈放鬆，也可以切換到副交感神經優位的狀態，讓人一覺好眠。

6 與家人和朋友聚會（透過溝通達到療癒效果）

工作結束後和朋友聚餐，是一個很棒的放鬆方法。與人相處、與知心好友暢所欲言，有助身心健康。豐碩的人際關係可以為我們緩和興奮和緊張感。

不過，重要的是你選擇和誰碰面。

三個同事一起到居酒屋小酌，結果一直說主管和公司壞話，這種聚會完全無益於放鬆身心。當事人為了消除壓力才到居酒屋，卻因為腦袋被工作占據而無法關掉工作模式，保持在緊張狀態。

而「憤怒」是與腎上腺素息息相關的情緒。情緒激昂地說別人壞話，會促進腎上腺素分泌。

偶爾抱怨無妨，但是每天不停地抱怨，就會不間斷地分泌腎上腺素，連抱怨本身都變成壓力。

聚會時，最好選擇非職場上的朋友，忘掉工作上的事情，開心聊天。和非工作夥伴的朋友相聚，才能停止腎上腺素分泌，獲得放鬆的效果。

7 意識到休息

幾乎所有的上班族，都覺得自己要努力工作，卻很少人意識到「休息」的重要性。

不注重「休息」的生活，會導致生病或憂鬱症。我認為日本人的自殺率之所以高居先進國家之冠，是因為日本人認為工作比休息重要——這儼然是社會普遍的價值觀。

身心健康才能全力工作，而休息是打造健康身體的基礎。比起工作，我們更應該重視休息。關掉腎上腺素的分泌開關、充分休息，才能有效執行工作。

容易焦慮的人，如何控制緊張與不安

心跳加速是即將成功的證據

日常生活中，我們常會面臨重要會議或簡報等令人緊張的場合。人一緊張，心跳就會加速。很多人覺得這樣很難受，也可能會擔心自己是否「腎上腺素過度分泌了」。

但請不必過度擔心。當你緊張且心跳加速時，正預言著你可以發揮百分之百的實力，邁向「成功」。

緊張會使心跳加速，是因為緊張這種精神性的刺激，使身體分泌「兒茶酚胺」。

作為藥劑時，兒茶酚胺可用來治療心臟功能較弱的患者，或對心肺停止的患者進行急救。在促使心臟跳動上，它可以發揮強大的效用。腎上腺素也是兒茶酚胺的一種，因此分泌腎上腺素會使心跳加速。

在重要會議前會感到緊張，是因為分泌了腎上腺素和去甲腎上腺素。讓人可以提升專注力和肌力，使身心處於備戰狀態。與其說心跳加速代表緊張，不如理解成「大腦和身體都處於可以發揮最佳功能的狀態」。

重要會議開始前感到緊張的話，就轉念告訴自己：「這意味著表現會比平常更好！」面臨危機而心跳加速時，以正面的態度視其為：「可以順利度過難關的徵兆！」

「心跳加速是即將成功的證據。」請將這句話當成帶來好運的咒語，在心中默念。只要了解腦內物質的功能，就再也不必害怕心跳加速和緊張。

四個步驟教你正確深呼吸，緩解緊張、表現不失常

但有時候還是會緊張到表現失常。如果發生太興奮、頭腦一片空白等過度緊張的狀況，可以透過「深呼吸」來控制腎上腺素的分泌量。

你或許也曾聽聞，「深呼吸可以緩解緊張感」。

但是，許多人覺得這只是讓人心安的符咒或迷信，很少確實實踐。

心跳急遽加速、極度緊張時，請深呼吸。

接下來將介紹具體的深呼吸步驟，透過這個呼吸法能有效抑制腎上腺素過度分泌。

預防腎上腺素過度分泌的呼吸法

①首先，以正確姿勢站直。

②將重心放在肚臍以下十五公分處，並夾緊肛門括約肌。

③從鼻子吸氣、吐氣。
④用力吸氣五秒，閉氣，再緩緩吐氣七秒。

這是筑波大學征矢英昭教授所教導的方式。重複幾次深呼吸後，情緒就會緩和下來。

通勤的上班族，壓力比戰鬥機駕駛大？

我是札幌人，儘管二〇〇七年就來到東京定居，但到現在還是覺得大都市的通勤尖峰時刻很折磨人。上班族通常只能在人潮多的時段搭車，但每天搭擠滿人的電車通勤，其實也會造成相當大的壓力。

在擠滿人的車廂中，偶爾也會有人因為「包包擋住通道了」、「踩到我了」、「撞到我了」等，而有爭執。實際上，我也曾經在人擠人的電車上，因為一點小事就「發火」。

任何人搭乘像沙丁魚罐頭的電車，都會變得焦慮和易怒。

有一個研究針對「備戰狀態中的戰鬥機駕駛」、「機動隊的隊員」及「搭電車通勤的上班族」，進行心跳和血壓測量。研究結果顯示，搭電車通勤的上班族是三者中量測數值最高的。

數據也顯示，搭乘擁擠電車通勤的人，承受的壓力比戰鬥機駕駛和機動隊隊員更大。擠滿人的電車所造成的壓力之大，遠超乎我們的想像。

另外，瑞典為了研究人潮對身心的影響，也針對搭電車通勤的乘客實施調查。研究發現，對照在接近發車站就搭上空蕩車廂的乘客，在接近終點站才搭上擁擠電車的乘客，其尿液中檢測出偏高的腎上腺素數值。

其他研究也指出，在狹小的籠子中飼養的老鼠數量越多，血液中的腎上腺素濃度會越高，互咬等攻擊行為也會變多。如果再增加飼養密度，則會出現同類相食或同性交配的行為。

從這類研究結果，我們可以發現搭乘擁擠電車，所引發的焦躁、憤怒等情緒變化，與腎上腺素息息相關。

壓力所誘發分泌的腎上腺素，也會影響生理健康。

最近很流行吃「各地的品種雞」，很多居酒屋都有供應土雞料理。一般的飼料雞被飼養在狹小的雞籠中，而土雞則採放養（可自由活動）模式。

研究數據顯示，被密集飼養的牛、豬、雞等家畜家禽，其血液中的腎上腺素和皮質醇的濃度都異常偏高。被關在狹小的籠子，或幾乎無法活動時，會使家畜家禽產生相當大的壓力，因此腎上腺素和皮質醇等壓力荷爾蒙的數值，也會明顯變高。

由於皮質醇也有抑制免疫力的作用，因此如果皮質醇持續偏高，就容易感染傳染病或引發各種疾病。因此，畜牧業者才會在畜禽的飼料中添加抗生素和各種營養補充品，預防動物生病。

放養在寬敞環境中的畜禽，比吃抗生素飼料長大的不健康畜禽，自由活動的空間大，壓力也較少，肉質當然比較美味。「密集飼養＋缺乏運動＝不健康」的模式是完全可以成立的。

多數搭乘擁擠電車通勤，沒有額外運動，每天只往返家裡跟公司的上班族，生活環境就跟「飼料雞」一樣。只要比平常早起三十分鐘，搭早一點的車，就可以避開擁擠電車，減緩人潮密集所帶來的壓力。

為什麼天才L是甜食控？

《死亡筆記本》是累積發行數量達三千萬本的超人氣暢銷漫畫，並陸續被改編成動畫和電影。漫畫中的登場人物「L」，是一位追查「奇樂」的天才電腦偵探。

但L有個特殊的癖好——他是個不折不扣的甜食控。只要一有空檔，他就會吃零食和蛋糕，也會在咖啡中加入大量砂糖。

我看漫畫時就注意到L的這項奇特行為，而電影版《L：最終的23日》（二〇〇八年）也解釋了這一點。

「糖分是腦部的重要營養源。」

「葡萄糖」可謂大腦唯一的營養源。大腦無法將蛋白質和脂肪等營養素，直接轉換為能量使用。因此，一旦陷入低血糖狀態，腦部功能就會下降，引起焦慮。

想要維持腦部高度運作，必須持續提供葡萄糖作為能量，因此劇情才會設定L是「甜食控」。

空腹引發的焦慮感，與腎上腺素密切相關。

持續空腹，會使血糖降低，並有大腦功能下降的危險。因此，人體會自動分泌提高血糖的荷爾蒙，防止極端的低血糖狀態。

可以提升血糖的荷爾蒙包括「升糖素」、「腎上腺素」、「葡萄醣皮質素」及「生長激素」。一旦血糖下降時，會從升糖素開始依序分泌。

也就是說，當空腹導致血糖下降時，體內會分泌腎上腺素以提升血糖。

在這種情況下，分泌腎上腺素是為了提高血糖。但身為戰鬥荷爾蒙的腎上腺素也會引起焦慮和憤怒。

興奮、緊張或活動身體時，腎上腺素引發的焦慮感並沒有那麼強烈。但平靜狀態和空腹時，腎上腺素會給予腦部不必要的刺激，增強焦慮感。

我們偶爾會碰到開會開到很晚的狀況。會議中，大家吵成一團，也想不出好點子。

從腎上腺素的功能來看，在空腹時開會，無益於提高產能。最後，導致會議越拖越久。如果晚上必須要開會，應該在會議前好好吃飯，以避免低血糖促進腎上腺素分泌。

我有一位朋友T，開會時一定會遞巧克力或零食點心給我。這真是貼心的舉動，因為甜食可以預防低血糖，有助提升開會的品質。

另外，我也不建議因為加班到深夜，而太晚吃晚餐。

空腹加班，不僅會「因為低血糖而讓腦部活動減少」，也「因為腎上腺素而產生焦慮」，在雙重危機下導致工作效率降低。空腹加班恐怕只會延長加班時間。

Chapter

3

摘要

總結

□ 興奮或憤怒時，會分泌競爭物質腎上腺素。

□ 腎上腺素有助瞬間提升身體機能。

□ 從丹田大聲嘶吼，可以促進分泌腎上腺素。

□ 面臨危機也不要放棄，腎上腺素會助你一臂之力。

□ 心跳加速是邁向成功的預兆。

□ 感到過度興奮和緊張時，請深呼吸，舒緩情緒。

□ 擁擠電車會促使腎上腺素分泌，帶來巨大壓力。

□ 白天辛勤工作，晚上好好休息，停止分泌腎上腺素。

□ 關掉腎上腺素分泌開關的七個習慣分別為：

①避開引起興奮的娛樂活動
②留意泡澡、沖澡的水溫
③入睡前避免激烈運動
④深夜不加班
⑤放慢步調
⑥與家人和朋友聚會
⑦意識到休息

Chapter

4

Thema

不再情緒潰堤！
活用療癒物質讓你掙脫人生難題

血清素工作術

Business skills using
Serotonin

Neurotransmitter

SEROTONIN

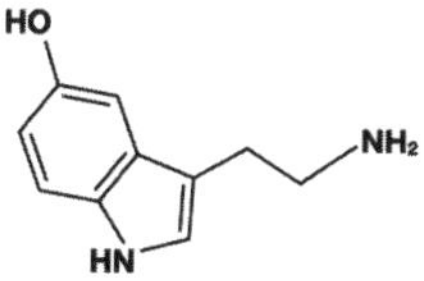

☑

不是心想就會事成，養成正確習慣才能事事有成

讓你效率激升三倍的工作時段

書店陳列著很多「晨間工作術」書籍，告訴讀者上班前的幾個小時，是自我投資的時間。從知名企業家的自傳中，也可以發現很多成功人士的生活模式都屬於「早晨型」。

早起有助提升工作效率，且上午完成的工作，會改變一整天的工作情形。從醫學角度，上述說法是成立的。

早上起床後的二至三小時，是「腦部的黃金時段」，為腦部活動最活躍的

時段。在這個時段做的事，決定了接下來一整天的工作量和品質。

我個人會利用這段黃金時間來「寫稿」。

我曾嘗試在傍晚和深夜寫稿，但坐在書桌前，卻遲遲無法下筆。不過若是在腦部的黃金時段動筆，我則可以寫完十張至二十張稿紙。

不只文字量，寫出來的文稿品質也在水準之上。這是我個人的體驗，運用腦部黃金時段，可以讓工作效率提升三倍。

遺憾的是，多數人將腦部生產力最高的時段，運用在「通勤」上。

早上七點起床，盥洗過後八點出門，九點打卡。擠在擁擠電車上，一到公司就已經有氣無力。如此一來，便無法有效運用起床後的黃金兩小時。

若想要有效運用腦部的黃金時段，就要比現在再早起兩個小時。

上班前，挪出一點自己的時間，看書、學習、寫文章或整理文件等。你會發現，做起事來變得相當迅速俐落。等到做事速度變慢後，再搭車去上班。

早晨的這兩個小時，不會被電話鈴聲打擾，外頭也格外寧靜。在安靜的環境中，較不會產生雜念，也比較容易專注。

二、三十年前，我也是「超級」遲到大王。國高中時期，我經常賴床到最後一分鐘。每天都上課鐘響時，才衝進教室。

當然也沒空吃早餐。整個上午頭昏腦脹，無法專心聽課，時常打瞌睡。踏入社會（成為醫生）以後，我才覺得「這樣下去不行」，開始學習專業知識，了解睡眠和妥善運用上午時間的方法。

我藉由落實科學性的「早起方法」，克服賴床的壞習慣，在上午發揮腦部最大的使用效率。

並非天性使人愛賴床，而是生活習慣所致。只要改善生活習慣，就能養成更自然健康的生活方式，克服賴床的壞習慣。

其中最關鍵的腦內物質就是「血清素」。

當血清素分泌時，人會心生「今天也要加油」的念頭。為身體注入能量，振奮精神。由於頭腦清醒，所以可以立刻進入工作狀態。

並且，血清素的合成和分泌量，隨著日出而旺盛，中午到傍晚期間則逐漸下降。在「非快速動眼期睡眠」（NREM，沒有快速動眼運動的睡眠狀態，即深層睡眠狀態）期間，完全不會分泌血清素。

血清素是控制「睡眠」和「覺醒」的腦內物質。

不再賴床的終極祕訣

我還有一個賴床故事。某天早上，我竟然一反常態很乾脆地起床，而且感覺神清氣爽。

當時喚醒我的是「晨光」。那天我剛好沒有拉起窗簾，因此早上的陽光直接從窗戶照射進來。

從窗邊灑入的晨光，其實非常舒服。

那天早上，我比平常早兩個小時自動醒來。

從此以後，我睡覺時都開著窗簾。很神奇的是我不再賴床，醒來後也感覺通體舒暢。

我自己開始落實這個習慣後，才發現身邊也有很多人有這樣的習慣。本田直之先生在其著作《怕麻煩的背後有金礦：讓你獲益無窮的55個小動作》中，也寫到同樣的做法。想到「本田先生和自己一樣，習慣打開窗簾睡覺」，就令我與有榮焉。

打開窗簾睡覺，早上就能神清氣爽地醒來。

這個生活習慣之所以助益良多，要歸功於血清素的作用。太陽升起，陽光刺激從視網膜傳導至「縫核」後，體內就會開始合成血清素。然後，血清素會將「神經衝動」（神經間的訊號傳遞）傳遞至大腦，使大腦進入「沉著的覺醒狀態」。

由於具有這樣的作用，所以血清素也被稱為「腦部管弦樂團的指揮家」。就像指揮家揮舞著指揮棒指揮演奏一樣，藉由陽光刺激活化血清素，可以啟動腦部一整天的運作。血清素可以為「舒適的一天」打開序幕。

相反地，如果血清素分泌量下降，心情也會變憂鬱。覺得「什麼都不想做」、「不想離開被窩」、「想一直睡下去」時，就表示血清素神經衰弱了。長期處於「血清素分泌狀況惡化」的狀態，便有罹患憂鬱症的風險。

憂鬱症患者的共同特徵便是「早上起不來」。整個人沒有幹勁、精神不濟，也喪失活力。

假設你將鬧鐘設定在早上七點。

在睡覺時拉上窗簾，室內當然會變得一片漆黑。即使鬧鐘準時七點響起，大腦也還在睡眠狀態。

腦內物質血清素，負責發出覺醒指令，喚醒大腦。

在照射到陽光，也就是拉開窗簾的那刻，大腦才會開始合成血清素。若只依賴鬧鐘醒來、無照射到陽光，則腦中的血清素含量相當低，幾乎可以說含量是零。

在這種狀態下醒來，當然會「不想上班」、「想多躺一下」。因為腦內的血清素含量是零。

如果拉開窗簾睡覺，早上六點時，外面天色就已非常明亮。

由於陽光灑入室內，因此鬧鐘七點響起前，體內早已開始合成血清素。因為腦部接收到「開始活動」的指令，所以可以很順利且精神奕奕地起床，並產生幹勁，告訴自己「今天也要加油」。

假設血清素的活化程度，在睡眠中是零分，在白天活動時是一百分。靠鬧鐘起床的人，醒來時血清素處於零分的狀態，而打開窗簾睡覺的人，一張開眼血清素就已經達到十分的水準。零和十，看似差距很小，其實影響相當大。

請想像F1賽車的場景。在起跑燈號亮起前，每輛賽車的引擎早已轟轟作響，蓄勢待發。

當「綠色」起跑燈號亮起，所有賽車同時加速。由於經過暖車，準備就緒，因此可以立刻加速。

在窗簾緊閉的房間睡覺，僅依賴鬧鐘叫醒自己，就等於等綠色起跑燈亮起後，才發動引擎，因此當然無法全速前進。此外，在尚未暖車的狀態下直接加速，會對引擎造成相當大的負擔，甚至可能導致熄火。

因此，請拉開窗簾，暖一暖血清素這顆引擎。

睜開眼睛，先躺五分鐘

睡覺時打開窗簾，就能養成自然起床的習慣。而且漸漸地會在鬧鐘響起前，就自動醒來。

但是，醒來後，請不要立刻起身。

我醒來後，會先躺在床上五分鐘，吸收陽光以活化血清素的運作。

我會張開眼睛躺著，想一想「今天要做哪些事？」還有，想像美好的一天。

如此一來，腦袋會變得格外清晰，充滿「加油！今天也要繼續努力！」的幹勁，起床後精力充沛。

關鍵就在於：睜開眼睛，先躺五分鐘。

鬧鐘響起後，很多人都會閉著眼睛再躺一會兒。這種人猶豫著「到底要不要起來？」最後終於放棄掙扎，一張開眼就立刻起身。

奮力起身後，由於起床前都閉著眼睛，因此沒有吸收到陽光，縫核並沒有接收到充分的刺激。

這麼一來，便無法獲得「拉開窗簾睡覺」的效用。張開眼睛，躺在床上五分鐘，體內就會開始製造血清素。

我在電子報中也提過這個方法，卻收到讀者的反駁和質疑。

的確，如果是住在公寓一樓的女性，打開窗簾睡覺可能會有安全疑慮。假設是這種情形，那麼請安裝較輕薄的窗簾，讓晨光可以透進來，使房間有少量的光線。也可以在早上醒來後，立刻打開窗簾，張開眼繼續躺五分鐘。這也是一個解決安全疑慮的好方法。

有些人則不管窗簾的問題，直接以開燈取代陽光，但我不建議這麼做。

在「照度二千五百勒克斯以上的光」下「照射五分鐘以上」，血清素才會開始合成。

二千五百勒克斯，大約是早晨陽光的照度（白天的戶外自然光約為一萬勒克斯，黃昏時段約為一千勒克斯）。

一般家庭使用的日光燈照度偏低，大概在一百至二百勒克斯。就算是很亮的日光燈，也只有五百勒克斯。

即使是在天花板安裝一整排燈管、光線有點刺眼的超商，其照度頂多也只有八百至一千八百勒克斯。因此想要藉由一般家庭的照明燈具，達到促進血清素合成的二千五百勒克斯，是相當困難的。

最重要的還是接觸太陽的自然光，沐浴在晨光下。只要打開窗簾，不費吹灰之力就能做到。

如果房間的窗戶朝西而幾乎曬不到早上的陽光，或者是採光較差公寓，則建議起床後稍微散步一下。曬個五分鐘太陽，就可以在上班前替腦袋暖機。

三招分泌血清素，讓你天天精神飽滿

不過，有些人即使打開窗簾睡覺，依舊無法使腦袋清醒。

這也是理所當然的。「曬晨光」只是促使血清素合成，但並非打開窗簾睡覺，血清素就會大量分泌。

起床後的行為，也會影響血清素的分泌。活化血清素的分泌，會令人意欲高漲，激發行動力，也能獲得能量，提升工作效率。

在「引擎啟動」的狀態，才能達到活用腦部黃金時段的目的。反過來講，血清素濃度極低時，則容易罹患憂鬱症，因此養成能夠活化血清素的生活習慣，也有助於預防憂鬱症。

共有三個方法可以刺激血清素分泌：

①沐浴晨光。
②韻律運動。
③咀嚼。

第二項「韻律運動」，是指可以搭配「一、二、一、二」節奏的運動。

具體而言包括散步、慢跑、爬樓梯、深蹲、轉頸運動、游泳、高爾夫揮杆練習、深呼吸等。

雖然說是「韻律運動」，但其實不用特別使用手腳的運動也可以。只要是有規律性的動作，就算是朗讀、誦經及唱歌等，都可以活化血清素。

我最推薦的運動是晨間散步。早上起床後，以稍快的速度散步十五至三十分鐘，不僅能「沐浴晨光」又能「韻律運動」，一舉兩得。

另外，進行韻律運動時，至少要持續五分鐘以上才能達到活化血清素的效果。但過度的話神經會感到疲累，可能帶來反效果，因此最好不要做超過三十分鐘。

第三項「咀嚼」，指吃飯時細嚼慢嚥。咀嚼時，上下顎的肌肉會反覆收縮、鬆弛，因此算是一種有韻律的運動。吃早餐時，咀嚼二十下以上就能產生充分效用。

聽起來很簡單，實際執行卻不是那麼容易。

首先，很多人沒有吃早餐的習慣。也有人因為太忙了，所以隨便吃點麥片或營養飲品果腹。這種飲食方式，當然做不到細嚼慢嚥。

大部分早上起不來的人，都沒空吃早餐。不僅「曬不到晨光」，也「沒有充分咀嚼」。起床後精神不濟，就是因為雙重的不良生活習慣，導致血清素無法好好運作。

真的沒空吃早餐的話，不妨咀嚼口香糖。

美國大聯盟的棒球選手，經常在球賽中嚼口香糖。因為咀嚼能促進血清素分泌，而血清素可以舒緩緊張情緒，有助放鬆身心。

血清素的生成時間主要在上午，尤其早上特別活躍。

因此，也應該在上午，尤其是早晨進行本書介紹的血清素活化法，才能發揮最大的效果。

在晚間執行同樣的活化方法，其實沒有太大的意義。

在早上是否有活化血清素，將對上午甚至是整天的工作，帶來明顯的影響。

不再玻璃心碎滿地！七招成功轉換負面情緒

活化療癒物質，解鎖你的卡關人生

我在前面從活化血清素的方法講起，但血清素究竟是怎麼樣的腦內物質？前幾章的「多巴胺」和「去甲腎上腺素」等，屬於「興奮性腦內物質」。而血清素則可以抑制這一類神經傳導物質過度分泌，屬於維持腦內物質平衡的「調節性物質」。

在血清素活躍的狀態下，人的心靈會感到平靜，保持一顆「平常心」，因此血清素也被視為「療癒物質」。

血清素神經系統，從延髓的縫核投射到腦的各部位，包括大腦皮質、堪稱情緒中心的大腦邊緣系統、與維持生命有關的下視丘、腦幹、小腦及脊隨等。

血清素由必需胺基酸「色胺酸」所製造。白天，尤其上午分泌量較高，而睡眠中（尤其在深層睡眠時的ＮＲＥＭ）幾乎不會分泌。

血清素開始活動後，血清素神經會產生神經衝動，使人維持在「覺醒」狀態。起床時感到神清氣爽、情緒平穩，都是血清素的功用。

身心愉悅及放鬆時，所產生的療癒及安心的「幸福」感，也都是來自於血清素的平衡狀態。

說到幸福，通常會想到多巴胺，但多巴胺的幸福感是強烈的，例如獲得成就感時，感到「太開心了！」相較於此，血清素帶來的幸福感是奠基於「安樂」和「舒適感」，屬於沉穩溫和的感受。若我們想要感覺到幸福和療癒，就必須讓血清素好好發揮作用。

血清素應用在職場上時，最適合用來「轉換心情」。

血清素的主要功能

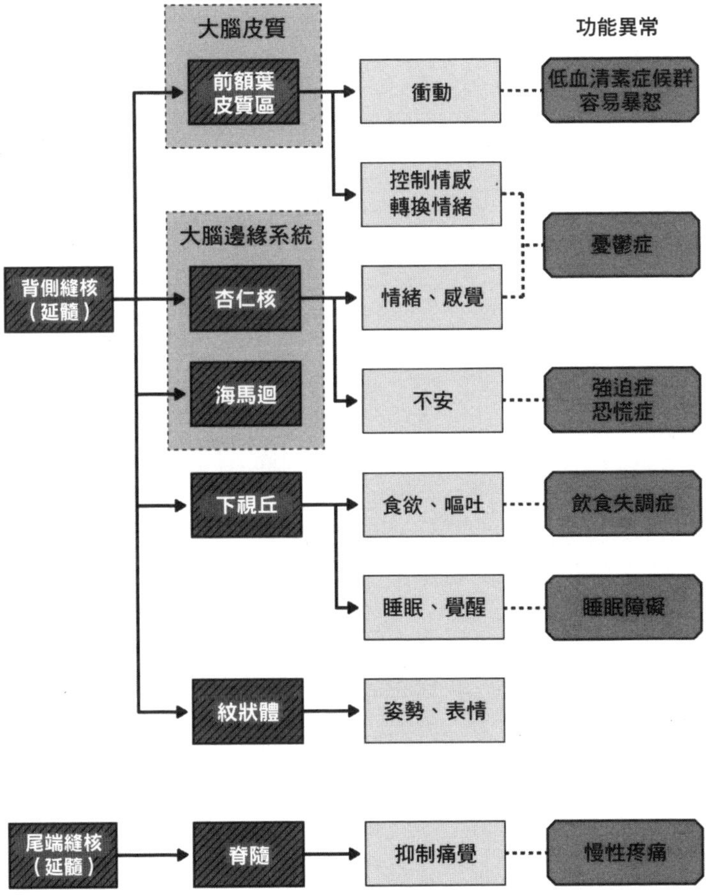

注：為利說明，已簡化實際的神經系統和腦功能。

血清素濃度低的狀態，會引發「焦躁」、「鬱悶」、「莫名其妙情緒低落」以及「手足無措的不安感」。

長時間坐在辦公桌前工作，除了妨礙工作效率，整個人也會變得焦慮，陷入「瓶頸」。這種狀態很可能是血清素偏低所致。

相反地，活化血清素，等於使心靈處於安穩狀態。透過活化血清素，解除「瓶頸」，大幅提升工作效率，這就是「血清素轉換情緒工作術」。

心情和情緒的轉換，與「前額葉皮質區」有關，而血清素神經則能促使此區順利運作。

接下來要介紹的方法，我自己也落實在生活中，每一招都能發揮強大功效，有效轉換情緒。

轉換情緒工作術1　中午外出用餐

運用上午的腦部黃金時段，全神貫注迅速完成工作。中午過後，開始感覺肚子餓，連帶拖累工作效率。因此，我建議中午外出用餐，來改善這樣的情形。

我通常上午在家寫稿，雖然也可以直接在家吃午餐，但是我寧願選擇出門覓食。藉由「外出用餐」，充分補充下午的血清素。

外出用餐時，建議選擇步行約五分鐘的店。走上五分鐘路程，曬曬太陽，活化血清素。並且，吃飯時意識到細嚼慢嚥，透過「咀嚼」，獲得活化血清素的效果。

也就是說，「中午外出用餐」可以一次實踐「曬太陽」、「韻律運動」及「咀嚼」這三種活化血清素的方法。

實際上，中午外出用餐不但可以有效轉換心情，在不到一小時的午餐時間內，也可能獲得絕佳的「靈感」。外出用餐時，我都會隨身帶著自己慣用的筆記本，以便寫下各種想法。

進到店裡、點完餐，等餐的五分鐘「空檔」也很重要。我會利用這個空檔，寫下早上工作時遇到的問題和須修正的部分，並安排下午的工作清單。

離開辦公桌，反而可以清楚看到工作的全貌。

吃完中餐回到辦公桌，不但補充了血清素，也因為客觀檢視過工作，所以可以開始進行修改。

轉換情緒工作術2　邊走邊思考

必須在明天以前交出企畫書。

必須想出點子，在明天的會議中提出。

在這種情況下，越是焦慮就越想不出任何好點子，而感到絕望。碰上這種情形，我會選擇出去「散步」。

你或許會想，「怎麼可能還有時間散步？」但正因為忙到沒時間，所以更要去散步。因為散步可以活化血清素，使心情煥然一新。

生活中經常可見，有些人坐在桌子前面苦思好幾個小時，就是沒有任何想法，但當他們邊散步邊思考，腦海中卻突然蹦出好點子。原因就在於本來「緊繃」的腦「放鬆」了，自然比較容易產生新的點子。

因此，離開辦公桌，消除緊張狀態，藉由散步發揮血清素的力量，放鬆自己的心情。如此一來，就能簡單解除停滯狀態，在腦中自然閃過好點子。

有關獲得靈感的方法，會在第六章的「乙醯膽鹼工作術」中，更詳細說明。

轉換情緒工作術3　深呼吸

雖然說散步有助於轉換情緒，不過一般的上班族，還是會受到主管的監視，不可能擅自離開辦公室。對於想知道「更簡單轉換心情方法」的人，我建議「深呼吸」。

深呼吸不受空間和時間的局限。深呼吸可以活化血清素，將氧氣送到腦部，也等於在告訴自己「深呼吸可以讓心情平靜」，達到自我暗示的效果。

在很多場合都可以運用深呼吸來幫助自己。例如，必須在大型集會中演講時，不妨先進行深呼吸。早上心情差，不想上班，也可以透過深呼吸讓心情變好。

我要介紹一個由有田秀穗老師所提倡、活化血清素的深呼吸法，稱為「腹肌呼吸法」。

①手掌放在下腹部。
②將意識集中於下腹部。
③用嘴巴或鼻子，呼呼呼地用力吐完一口氣。
④放鬆腹肌，再從鼻子吸一口氣。

反覆規律地進行這些動作。站立時，雙腳稍微打開，保持身體中心線筆直；坐立時，身體靠椅背坐直。此外，也可以躺著做深呼吸。

從活化血清素的原則來看，持續五分鐘是最理想的。但是，持續深呼吸五分鐘並不容易。就我個人的經驗來講，大概一、二分鐘就可以達到轉換情緒的效果，因此時間短一點也無妨。

深呼吸是可以在各種場合派上用場的妙方。當心煩意亂時深呼吸，有助「情緒轉換」、「緩和緊張」；起床前深呼吸，也能讓你「起床時精力充沛」。

轉換情緒工作術4 朗讀

朗讀可以活化腦部。看書時，大聲念出內容。光是這個動作，就可以活化腦部。據研究指出，朗讀可以促進前額葉皮質區的血流順暢，具有預防痴呆症的效果。

朗讀對血清素神經也有幫助。就算只是反覆念「A—I—U—E—O」等無意義的文字，也可以活化血清素神經。與深呼吸一樣，要注意吐氣，並且有節奏地念出聲。

以朗讀活化血清素時，「簡單的單字」和「無意義的字句」較能發揮效果。有意義的字句會令人不自覺地開始思考，打亂節奏。

讀經也可以讓血清素變得非常活躍。

我寫文章時，也會遇到絞盡腦汁卻仍然下不了筆的狀況。這時候，我會朗讀文章已經寫好的部分。意識到腹肌，大聲地念出來。

從只動用眼睛和手指的「書寫」作業，轉換為以全身發出聲音的「朗讀」。這也是運用到全身的輕度運動，因此可以達到轉換心情的效用。這就是我也在生活中實踐的「朗讀情緒轉換法」。

另外，朗讀自己寫的東西，感覺就像閱讀別人的文章。當從客觀角度來檢視自己的作品時，很容易就能發現「這樣寫好像很奇怪」等須修正的部分。

朗讀原稿是一個可以有效刺激腦部，改變心情並激發寫作動力的好方法。

上班族或許不太方便在辦公桌前發出太大聲音，因此不妨利用空的會議室來朗讀文章或文件。如果連這樣也不好意思的話，則可以詢問同事「能不能聽聽我寫的文章？」為自己找「聽眾」。

轉換情緒工作術5 簡單運動

「轉頸運動」是坐在辦公桌前也能進行，可活化血清素並轉換情緒的方法。

由於頭部有相當的重量，因此頸部周邊有很多支撐頭部的肌肉。只要扭轉頭部，就可以將大量電波傳到腦部，透過「韻律運動」的效果，活化血清素。因此轉頸時，請在心裡默數「一、二，一、二」，有節奏地轉動頸部。

「爬樓梯」也是另一個在公司可以簡單進行的韻律運動。只要提前出電梯，走一兩層樓梯即可，不妨試著做看看。不必全力衝刺，搭配「一、二，一、二」的節奏，維持一致的速度即可。

而會令人「疲勞」的運動，並不適合用來活化血清素，因此請勿氣喘吁吁地從一樓爬至十樓。

轉換情緒工作術6　組合各種情緒轉換法

持續五分鐘以上的規律性運動，就可以活化血清素。然而，實際上要做到「深呼吸五分鐘」、「轉頸五分鐘」其實很困難。

因此，請搭配數種韻律運動一起做。例如轉動脖頸後，進行深呼吸，最後再轉動一次脖頸等。

這樣就能順利達到活化血清素和轉換情緒的效果。

轉換情緒工作術7　養成習慣

前面介紹的「轉換情緒工作術」，只要實踐皆能得到某程度的效果，但要持之以恆才能發揮最大功效。因此，請養成「每天都要活化血清素」的生活習慣。

我幾乎每天中午都外出用餐，這個習慣已經持續好幾年。有時候會到超商或超市買便當等，每天中午都散步十五分鐘以上。

不要只短暫地活化血清素一次，而是養成鍛鍊血清素神經的習慣。讓身體維持在「容易分泌血清素的狀態」。血清素分泌後，多巴胺和去甲腎上腺素也會維持平衡，不僅有助於迅速完成工作，還能獲得「心靈的平靜」。

☑

從人人喊打到人見人愛，共感腦的療癒功效

最適合鍛鍊血清素神經的娛樂活動

我想你已經充分學會運用「沐浴晨光」、「韻律運動」及「咀嚼」來活化血清素。接下來要介紹較特別的方法，來鍛鍊血清素神經。

這個方法就是「看電影，留下感動的眼淚」。或許很多人會感到意外，不過「共感力」其實與血清素密切相關。

希臘哲學家亞里斯多德在其著作《詩學》中指出，欣賞悲劇具有「釋放內心沉澱的情緒，淨化情感」的效果。我們稱之為「宣洩」（catharsis）。

看完悲劇，感動地流淚。相信很多人都曾在看完電影或電視劇後，感覺心情煥然一新。

著有《用血清素與眼淚消解壓力》的有田秀穗教授明確表示，欣賞賺人熱淚的電影，可以促進前額葉皮質區的血流順暢，活化血清素神經。

哭之前，人處於「交感神經優位」的狀態，實際哭出來以後，則切換到「副交感神經優位」。也就是說，感動的眼淚可以放鬆神經，達到療癒的效果。

有田教授將以前額葉皮質區為中心，與血清素密切相關，且能產生共感的腦區稱為「共感腦」。訓練共感腦有助鍛鍊血清素神經，培養察言觀色的能力，並讓溝通更順暢，達到真正的「療癒」功效。

請你強化自己的共感力，無論是透過歌劇、話劇、電視劇、動畫或小說等皆可。不過，我相當推薦由電影來培養共感力，因為在約兩個小時的播放時間內，你可以仔細揣摩劇中角色的心理，因而更容易產生同理心和感動。

其實我是個電影迷，每年觀看超過一百部電影，也身兼影評家，發行訂閱人數超過四萬的電子報《電影的精神科學》。我真心認為，電影是最適合用來磨練共感力的工具，也具備「治癒」心靈的效果。

三招教你既正確又療癒地看電影

不過如果只是漫不經心地看電影，則完全無助於培養共感力。我以個人的電影體驗，提出下列幾個「磨練共感力的電影鑑賞方法」。

1 將感情投射在劇中人物

很多人看完電影後，會有「如果是我才不會那樣做」、「如果是我，做法一定和劇中的角色不同」的感想，但這種鑑賞法不僅讓整部電影頓時變無趣，也無法磨練共感力。

例如，〇〇七系列的主角是詹姆士．龐德，而不是你。看電影時，不應該想「如果是我才不會那樣做」，而是「為什麼詹姆士・龐德會採取那樣的行動？」試圖理解主角的心理，才能磨練共感力。請站在對方的立場思考。

如果分析得太客觀，電影就會變得索然無味。因此，請將情感投射在劇中人物，尤其是主角身上。無法共感，就不可能將情感移入，可以說「情感移入＝產生共感」。

重點不在於能不能將情感完全移入，而是讓自己對主角的情感產生同理心。以這樣的方式欣賞電影，自然而然就會移入感情。

2 不吝表達情感

有些人在電影結束後才說「很想哭，但我忍住了」、「差點就哭出來了」。明明感動到想哭，為什麼要刻意忍住？

「不輕易流露情感」、「內斂是一種美德」或許是日本人獨特的價值觀，但至少看電影時，應該盡情地笑，想哭就哭。真切地流露出情感，並享受電影的樂趣。

哭出來可以消除壓力，這同時也表示忍住不哭會造成更多壓力。想哭時，神經會興奮，分泌腎上腺素且處於交感神經優位的狀態。哭出來就能切換成副交感神經優位的放鬆狀態。

如果忍住不哭，交感神經就會持續處於優位，也就是在壓力狀態下看完整部電影。明明為了想抒發壓力才看電影，看完卻反而累積了更多壓力，真是莫名其妙。

看電影看到想哭時，請坦率地哭出來。

藉此不僅能得到「療癒」的效果，還可以強化共感力，鍛鍊血清素神經。

3 一起看電影

和別人一起看電影，會更有樂趣。

夫妻、親子、情人、朋友、都可以一起看電影。「共感」指的是「與他人分享情感」，而當與別人一起鑑賞電影時，便是在分享「悲傷」、「快樂」等情緒，是非常有意義的事。

另外，也請在電影結束後，一起討論感想。你會發現每個人對同一句台詞的解釋完全不一樣，相同的結局，彼此的理解也天差地別。「別人有什麼感受？」、「別人是怎麼想的？」對照彼此的情緒和想法，在思考這些的過程中，就能培養共感力。

鑑賞電影的同時，也能訓練血清素神經，養成共感力。如果能對他人產生同理心，便能更體諒他人的心情。

懂得體諒他人心情的人，也較容易獲得他人的諒解和好感。當然，這也有助於你的職場發展。

☑

四個好習慣，讓你精神奕奕不渙散

補充血清素原料的最簡單方法

前面提過，血清素是由必需胺基酸色胺酸製造。

由於體內無法合成必需胺基酸，因此必須從飲食中攝取色胺酸。色胺酸是製造血清素不可或缺的原料，若缺乏色胺酸便製造不出血清素。

肉類、大豆、米及乳製品都含有色胺酸。只要日常生活中的飲食均衡，就不用擔心體內色胺酸含量不足。

但是，嚴格執行減肥計畫和有極端偏食習慣的人，則可能會缺乏色胺酸。

曾有研究指出：「孩子情緒容易暴走，與偏食有關」，便是色胺酸不足所引起的低血清素問題。

從肉類攝取色胺酸是最簡單的方法。近來「肉類有害健康」的意識高漲，但其實肉類含有人體所需的胺基酸，是維持營養均衡的食材。

喜歡吃帶脂肪的肉，才是有害健康的主因。但不可將肉類排除在日常飲食之外。

還有，製造血清素也需要「維生素B6」。最好攝取含有維生素B6的食材，如，牛肉、豬肉、雞肝、紅肉魚、開心果、芝麻及花生等堅果和香蕉、蒜頭等。

健康資訊網站常常提醒民眾「攝取色胺酸可以預防憂鬱症」、「攝取色胺酸能有效治療憂鬱症」。但根據我個人的研究，幾乎沒有任何大規模的調查和研究報告指出，攝取色胺酸有助於預防和治療憂鬱症。

總之，重要的是「避免色胺酸不足」。因為即使攝取過量的色胺酸，身體也不會製造更多血清素。

吃一份讓你火力全開的早餐

整個上午腦袋都昏昏沉沉，起床之後，什麼都不想做，我想很多人都曾有這種感覺。

造成這種狀況的原因有二，一是「血清素尚未活化」，其次是「低血糖」。但也可能同時受到兩種因素的影響。

前面已經說明如何活化血清素，接下來要講解「低血糖」的部分。

飯後血糖會升高。在睡眠期間由於超過六小時沒有進食，因此早晨是一整天血糖值最低的時候。

如果還不吃早餐，血糖會一路低到中午。

「葡萄糖」幾乎是大腦的唯一營養來源，在低血糖的狀態下，大腦無法良好運作。不吃早餐就上工，腦袋當然不靈光。

另外，持續處於低血糖的狀態，身體就會分解囤積在體內的「肝醣」來製造葡萄糖。由於這個時候會分泌與憤怒有關的「腎上腺素」，因此會產生焦躁感。挨餓時容易煩躁、生氣，是人體天生的機制。

早上起床後的二至三個小時，原本是大腦的黃金時段，應該是腦部最活躍的時候。但不吃早餐忍受飢餓感，會使得大腦在這個黃金時段，陷入缺燃料的狀態。一旦感到焦躁不安，就會導致專注力和表現水平都下滑。

以前的我就是這樣。所以「整個上午頭昏腦脹」的人，或許就是因為沒吃早餐。

就像前面說過的，細嚼慢嚥地吃早餐，可以活化血清素。早餐既能「補充腦部的能量來源（葡萄糖）」又可「活化血清素」，一舉兩得。

若想要「上午卯足全力工作」，或「希望妥善活用腦部黃金時段，提升工作品質」，請一定要吃早餐。

從「早起要人命」變成「早起沒問題」

二〇〇九年四月，日本文部科學省實施全國學力及學習狀況調查（全國學力測驗），調查結果相當有趣。這項調查以小學六年級和國中三年級的學生為對象，實施全國學力測驗，並同時調查其生活習慣，以考察生活習慣與學力測驗成績的關聯。

根據該調查，對於「每天都有吃早餐嗎？」的問題，回答「有吃」的孩子，在學力測驗中的平均答對率是六〇％，而回答「完全沒有吃」的孩子答對率是三九％，比前者低了二一％。

還有其他各種針對孩子生活習慣與成績關聯的調查，但大部分的結果都顯示：「不吃早餐的學生，成績較差」。

數據化的學力測驗結果，清楚顯示出孩子的狀況。同理可證，不吃早餐的大人，在各方面的工作效率當然也會降低。

這些人會以「我早上本來就精神不濟」、「我是夜貓子」為藉口。但實際上，這並非先天體質的問題，只要能「後天養成晨型人的生活習慣」就能於「早上精力旺盛」。

吃早餐至少可以獲得三種功效，包括「咀嚼以活化血清素」、「補充大腦所需的能量來源：葡萄糖」以及「提高體溫，使大腦和身體清醒」。

比較上午和下午時段，上午的學習和記憶效率都較高。很多研究結果也指出，上午大腦處於活化狀態。以人的一生來計算，如果你不在上午時段充分運用大腦和身體，損失的時間約為十萬小時。如果連上午的高生產效率一起算，你的損失更是難以衡量。

我原本以為自己是個徹底的夜貓子，不過在三十幾歲時成功轉換成早晨型生活，現在想起來真的覺得很幸運。

想轉換成早晨型生活，必須擁有充足的睡眠。請搭配第五章介紹的「褪黑激素工作術」一起落實，就能從根本改變你運用上午的方式。

無精打采的救星：早晨淋浴

如果你已確實實踐活化血清素的生活習慣，也按時吃早餐。但是，上午還是精神不濟……

我推薦你們可以「早晨淋浴」。

起床後沖澡，頭腦和身體都會瞬間煥然一新。讓原本半夢半醒的腦袋完全清醒。早上有淋浴習慣的人，應該知道沖澡帶來的覺醒效果吧。

早上沖澡會使體溫上升，而得以提振精神，使身體也變得清爽。

自律神經中，當白天的神經（＝活動的神經）交感神經處於優位時，全身器官就會活躍，體溫也會跟著上升。如果是夜晚的神經（＝休息的神經）副交感神經處於優位，則全身器官的活動程度會變低，體溫也會下降。

早上一醒來，不可能立刻從副交感神經優位切換為交感神經優位。若體溫還沒上升，即使頭腦醒了，身體也仍在睡。

血清素也有助於將副交感神經優位轉換成交感神經優位。因此，血清素活性較低的人，由於無法順利轉換至交感神經優位的活動模式，早上才會精神不濟。

因此，透過早上沖澡的習慣，讓體溫升高，幫助身體從副交感神經優位，轉換至交感神經優位。從睡覺時的低體溫，順利切換至白天活動模式的高體溫後，頭腦和身體都會變得靈活清晰，進入「今天也要加油！」的備戰模式。

前面說過一定要吃早餐，起床後才能充滿活力，也是因為吃早餐具有讓體溫升高的效果。

由於身體必須燃燒攝取進來的營養，所以確實吃早餐，有助提高體溫，進入備戰模式。

以國小生和國中生為調查對象，測量「吃早餐的小孩」和「不吃早餐的小孩」的體溫，發現後者的體溫在上午比前者低了〇．四度至〇．六度，下午則低了〇．七度至〇．八度。

這些體溫較低的孩子，具有「上學意願低（遲到或拒學情形較多）」、

「學習意願低落」及「成績差」的傾向。

白天體溫高，晚上體溫低，這是人體的運作機制。不吃早餐的話，整個上午都會處於低體溫的狀態。

我需要去看醫生嗎？血清素不足的駭人症狀

血清素不平衡，身心就失衡

前面已介紹了血清素的效用，此節則要講解當血清素低下時，可能有的身心失衡風險。

人面臨壓力之際，會造成血清素低下。所謂壓力指的是，人處在得選擇戰鬥或逃跑的緊急狀態，無法進入放鬆的「療癒模式」。因此，療癒物質血清素的功能也會受到抑制。

長期處於壓力之下，會導致血清素低下變成常態，即「憂鬱症」的狀態。

由於血清素也有緩解「不安」的功用，因此當血清素低下時，會使人感到不安。一旦情況嚴重惡化，則會罹患「強迫症」或「恐慌症」等，產生強烈的焦慮不安感。

投射在下視丘的血清素，與「食欲和嘔吐」相關。這部分失調的話，會引發無法控制食欲的「飲食失調症」，出現暴飲暴食等症狀。並且，由於下視丘也和「睡眠與覺醒」有關，因此血清素低下會導致早上難以起床，衍生成「睡眠障礙」。

就像這樣，血清素低下會使人陷入相當可怕的狀態。

血清素也會影響表情和姿勢，故從外觀就可以判斷出哪些人的血清素活性很低。當血清素活性低時，就會透過大腦基底核的主要組成部分之一「紋狀體」，鬆弛表情肌肉和抗重力肌。因此，這些人的表情會無精打采，且全身虛弱無力。

血清素也與衝動控制有關。當血清素低下，就會陷入「暴走」狀態。控制不了衝動的話，便會克制不了自己，出現暴力行為。這種狀態稱為「低血清素症候群」。

由於血清素也能抑制疼痛，因此當血清素充分活化時，較不容易感覺到痛，反過來講，當血清素活性低時，則會提高人對痛覺的感受性，容易導致「慢性疼痛」。因此，有些抗憂鬱症的藥物，才會有舒緩慢性疼痛的效果。

如上所述，一旦血清素功能下降，就容易引發各種疾病。因此，血清素是維持精神功能正常運作的重要關鍵。

控制人類情感的夢幻藥物？

談到血清素的優點，有些人會天真地認為：「這樣的話，吃藥增加血清素的分泌量不就好了？」

「ＳＳＲＩ」（選擇性血清素回收抑制劑，Selective Serotonin Reuptake

Inhibitor），是憂鬱症的治療藥物之一。

由於治療效果佳，副作用少，因此近來已成為治療憂鬱症不可或缺的藥物。它也被用來治療強迫症和恐慌症。

簡單來講，ＳＳＲＩ可以提高血清素的活性。

但是，血清素無法被大量製造與分泌。ＳＳＲＩ的功效是，阻礙「釋放到突觸間隙中的血清素被回收」。

釋放至突觸間隙的血清素，會被突觸前膜回收再利用。ＳＳＲＩ可以蓋住血清素的回收口，增加回收血清素的難度，讓突觸間隙中的血清素濃度變高。

旅遊幾天回來後，發現信箱裡塞滿郵件。這是因為郵件堆了好幾天導致信箱爆滿，並不是信箱容量變大了。

ＳＳＲＩ的運作原理也相同。由於不從突觸間隙（信箱）取出血清素（郵件），所以可以大量累積血清素。

因此，沒有憂鬱症或強迫症的人即使服用ＳＳＲＩ，也無法獲得血清素的療癒效果。由於突觸間隙的血清素濃度相當充足，所以不會有明顯效果。

正常人服用ＳＳＲＩ，提高突觸間隙的血清素濃度，反而會使大腦誤以為「正在大量分泌血清素」。結果，導致血清素的合成減少、改變血清素接受器的感受性和數量，對腦部造成嚴重的影響。

儘管ＳＳＲＩ的副作用很少，是很好用的藥物，但由於新聞經常報導「吃ＳＳＲＩ自殺」、「服用ＳＳＲＩ之後犯罪」等事件，使多數人對它的觀感並不佳。

ＳＳＲＩ一開始在美國上市時，被形容為「可以控制人類情感的夢幻藥物」而廣為流行。正常人吃了ＳＳＲＩ，快樂似神仙的說法甚囂塵上。

就這樣，ＳＳＲＩ被視為「快樂藥丸」，有很多不是憂鬱症患者的人把它當作仙丹來吃。在美國也和日本一樣，必須有處方箋才買得到ＳＳＲＩ，但有些網站會違法販售ＳＳＲＩ，甚至透過郵購管道也可以輕易買到。

三環抗憂鬱劑（Tricyclic Antidepressants，TCA）是幾十年前使用的舊抗憂鬱症藥物，多個比較其與ＳＳＲＩ的研究結果皆顯示，ＳＳＲＩ引發的自殺率同於三環抗憂鬱劑。

透過與患者的接觸，我也觀察到，服用ＳＳＲＩ的憂鬱症和強迫症患者，有「焦慮程度加重」的傾向。只要減少ＳＳＲＩ的服用量或停止服用，就能立刻減緩焦慮感。無論是精神科或內科，都應該與醫師仔細討論過後，再決定服用藥物。ＳＳＲＩ絕對不是可怕的藥。正在服用ＳＳＲＩ治療憂鬱症的人，請勿自行停藥，應該如實依照醫師的指示，與醫師商量過後，以正確方式服用藥物。

相反地，沒有精神疾病的人，也請勿擅自服用ＳＳＲＩ。沒有生病的人在缺乏醫師指示下，把ＳＳＲＩ當作藥物服用的話，一定會引發各種副作用。

想要活化血清素，請每天實行「沐浴晨光」、「韻律運動」及「咀嚼」，並記得「鍛鍊共感力」。只要確實實踐這些活動，就能充分活化血清素，絕對不要輕易依賴藥物。

Chapter

4

摘要

總結

☐ 療癒物質血清素與覺醒、情緒、心靈穩定息息相關。

☐ 沐浴晨光、韻律運動及咀嚼可活化血清素。

☐ 睡覺時開著窗簾，有助起床後神清氣爽。

☐ 請有效運用起床後二至三個小時的大腦黃金時段。

☐ 想要活化腦部，一定要吃早餐。

☐ 遇上瓶頸時，可以運用七個「轉換情緒工作術」：

①中午外出用餐
②邊走邊思考
③深呼吸
④朗讀
⑤簡單運動
⑥組合各種情緒轉換法
⑦養成習慣

☐ 感動的眼淚具有「療癒」功效。磨練共感力，便能同時鍛鍊血清素神經。

☐ 養成鍛鍊血清素神經的習慣，也有助預防憂鬱症。

Chapter 5

Thema

終結人生好累！
活用睡眠物質讓你天天精神充沛

褪黑激素工作術

Business skills using
Melatonin

Neurotransmitter

MELATONIN

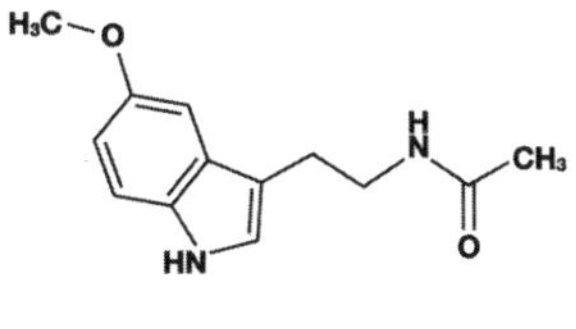

☑

讓你不再「睏」擾的神奇睡眠物質

好好睡覺最重要

上班時勤奮認真，下班去健身房鍛鍊身體、運動，或經常參加聚會，卯足全力地玩……我想在職場中，一定可以看得到這種充滿精力的人。

為什麼他們可以總是精力充沛呢？

從早到晚活力十足，彷彿不知道什麼叫做累。

我認為朝氣十足和無精打采的人，最大的差別在於「睡眠」。

白天使勁從事各種活動，但由於晚上睡得好，完全消除了白天的疲憊，因此每天都活力十足。

坊間有很多關於工作方法的書籍，卻很少有書籍教人怎麼放鬆和休養。最近，拜「療癒風潮」所賜，總算在市面上看到這類書籍。如果只記得實踐工作方法而忘了放鬆和休息的話，成功前就可能已筋疲力盡、過勞而倒下或生病。

如果讓我選出一個最重要的工作術，我會說是「好好睡覺」。睡眠是人類所有活動的基礎。睡眠品質不好不僅會影響工作，更嚴重損害身心。

根據某個研究報告，若限制成績在前一〇％的優秀學生只能睡「七小時以下」，其成績會下滑至後九％。

另一項研究數據則指出，連續五天睡眠時間不到五小時的人，其認知能力會降低到與連續四十八小時沒睡的人一樣，也就是相當於處於熬夜兩天的狀態。

睡眠不足會導致注意力、執行力、立即記憶、工作記憶、情緒、數量能力、推理能力及數學能力等腦功能低下，影響到幾乎所有的腦功能。

在這樣的狀態下工作，不可能有效率。忽視睡眠和與睡眠相關的健康問題，絕對無法在職場上成功。

但是，竟然很少人對睡眠有正確的認識。大部分人的生活習慣，只會讓睡眠的質與量都變差。

本章將說明「褪黑激素」與「睡眠的機制」，並介紹可以養精蓄銳的休養方法。

想要熟睡，得確實分泌褪黑激素

主要有兩種腦內物質有助眠效果，一是褪黑激素，另一個則是「GABA」。由於可可中也含有GABA，所以市面上也有以此命名的巧克力商品。

褪黑激素於一九五八年被發現。它不僅可作用於腦神經，也能降低脈搏、

松果體與褪黑激素的分泌

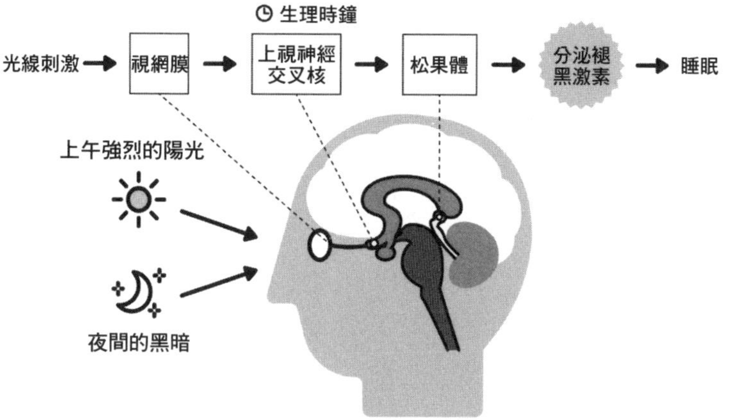

體溫及血壓，並有流暢地調節睡眠和覺醒的規律，自然誘發睡意的功用，可以將全身器官切換至休息模式。因此，褪黑激素也被稱為「睡眠物質」、「誘發睡眠的荷爾蒙」。

褪黑激素由腦部的「松果體」所分泌。松果體基於視網膜接收到的光量，來決定褪黑激素的分泌量。當進入眼睛的光量減少時，感知到這一點的松果體就會開始分泌褪黑激素。

在漆黑的房間中睡覺可以睡得很熟，是因為隔絕了光線刺激，增加了褪黑激素的分泌量。

第四章說明的血清素，在睡眠中

是與「起床」有關的腦內物質。起床時是否神清氣爽，會受到血清素的影響，而褪黑激素影響的則是「入眠」。

褪黑激素對睡眠的影響如下：

- 縮短睡眠潛伏期（易於入眠）。
- 提升睡眠效率（提高睡眠時數除以躺床時間所得的百分比，使入睡時間增加）。
- 延長睡眠時間（長時間且持續性的睡眠）。

褪黑激素在晚上的分泌量比白天高出五至十倍。尤其生成量在凌晨兩點至三點達到高峰。想要熟睡，必須確實分泌褪黑激素。

相反地，失眠者可能是因為褪黑激素分泌不足。嚴重不足時，甚至可能出現精神疾病的症狀「睡眠障礙」。

你心有餘而睡眠不足嗎？

「睡得好嗎？」

這是所有精神科醫師一定都會問患者的問題。因為精神醫學相當重視睡眠品質，睡眠狀態會如實呈現出一個人的身心狀態。

很多精神疾病患者，往往也有睡眠障礙。「憂鬱症」、「思覺失調症」及「酒精成癮症」等患者，有很高的機率會出現失眠問題。因此，說「失眠是精神科最常見的症狀」也不為過。並且，隨著病情加重，也會使睡眠障礙的情形惡化。

反過來講，病症改善時，也有助改善睡眠障礙。睡眠是觀察症狀是否惡化或改善的重要指標。很少人會說自己「睡得很好，但精神狀況很差」。

睡眠障礙幾乎是所有憂鬱症患者的困擾。由於憂鬱症初期即會出現睡眠障礙，因此是可以即早發現憂鬱症的指標。「最近常常睡不著」可說是承受壓力，身心失衡的開端。

難以入睡。

半夜醒來。

睡很久還是很累。

早上起床精神不濟。

這些全都是睡眠障礙的徵兆，代表身心健康亮起了「黃燈」。

我建議確定罹患睡眠障礙的患者，一定要看醫生。但如果只是「經常失眠」的話，只要改變生活習慣，促使褪黑激素分泌，就能重新擁有優質的睡眠品質。

☑ 讓你一覺到天亮的七個舒眠習慣

分泌褪黑激素的方法1　在燈光全暗的房間睡覺

有些人「不開小燈就睡不著」，不過小燈的照明度其實也會影響睡眠。由於褪黑激素不喜歡光線，因此如果在睡覺時，有光線進入視網膜，就會抑制褪黑激素的分泌。

儘管一百勒克斯以下的照度，不會強烈抑制褪黑激素的分泌。然而，睡眠環境的光線仍越暗越好。完全漆黑是最理想的狀態。就寢時關掉夜燈，可說是促進褪黑激素分泌最簡單的方法。

第四章中建議「打開窗簾睡覺」有利起床後神清氣爽，但有的房間一打開窗簾，就會因為外面的光線而變得太明亮。這樣的房間無法有效促進褪黑激素分泌，使人好好睡覺，因此不能開著窗簾睡覺。

雖然早上精神奕奕地起床很重要，但前提還是必須擁有良好的睡眠品質。如果住在鬧區，拉起窗簾後還是會有室外的光線滲入房間，我的建議是「戴眼罩」睡覺。

覺得「半夜起床一片漆黑會不方便」的人，請使用「地板照明裝置」，將燈光朝向地板。重點在於，要避免光線刺激視網膜。只要光線不會直接進入視網膜，就幾乎不會影響睡眠。

分泌褪黑激素的方法2　睡前待在昏暗的房間放鬆

褪黑激素約從黃昏開始分泌，在睡前就已經進入旺盛的狀態。也就是說，睡前的生活習慣，會影響褪黑激素的分泌。

例如，若在刺眼吊燈照射下的明亮空間待到深夜，就算回到昏暗的寢室，也無法馬上入睡。

反過來講，在調暗燈光的房間內待上一至二個小時，即可增加褪黑激素的分泌量，待睡覺時再關掉所有的燈，便能很快入眠。

在電視劇中，經常可以看到主角回家後，在採用間接照明設計的房間內，聽音樂度過放鬆的夜晚……在亮度適中的空間好好放鬆，是最理想的運用睡前時間方式。建議大家睡前開啟「間接照明」。

分泌褪黑激素的方法3　睡前不要照螢光燈

有些人會於睡前在床上閱讀三十分鐘左右，待有睡意時再入睡。就褪黑激素而言，這也是適合的睡前活動。

但是，床頭燈和寢室內的燈，請避免使用「螢光燈」。

睡前若暴露在光色偏藍的白光螢光燈下數小時，會抑制褪黑激素的分泌。

不僅在開燈期間，即使關掉燈後的數小時內，仍會抑制褪黑激素的分泌。

由於光色偏藍的白光，色溫接近太陽光，會使身體誤以為傍晚是「白天」。但如果是偏紅的燈光（燈泡），除非照度極強，否則不會影響褪黑激素的分泌。

請先檢查自己房間的照明裝置和床頭燈，是否為螢光燈。如果是螢光燈的話，建議換成光色偏紅的燈泡。

應該也會有人好奇，現在很流行的「LED燈泡」是否會影響褪黑激素的分泌。市面上的LED燈泡分為「白光」和「黃光」兩種。由於「白光」含有和螢光燈一樣的波長，所以請將寢室燈泡換成「黃光」，才不會影響褪黑激素的分泌。

分泌褪黑激素的方法4　深夜不要到超商看雜誌

很多年輕人、剛下班的上班族會在深夜十一點或十二點，站在超商雜誌架前翻閱雜誌。對他們而言，站在超商看雜誌是「免費的小娛樂」，也是放鬆身心的重要時間。

但是，我建議最好戒掉深夜在超商內看雜誌的行為。這個習慣百分之百會對「睡眠」造成不良影響。

睡前幾個小時，待在昏暗的房間放鬆身心，可以促進分泌褪黑激素，反過來講，待在高照度的空間，則會抑制褪黑激素的分泌。

超商的天花板通常會裝設整排螢光燈，照度大約落在八百至一千八百勒克斯。一般家庭的螢光燈約為一百至兩百勒克斯，就算很亮也大概只有五百勒克斯，因此超商算是非常明亮的地方。

再者，超商安裝的是螢光燈，對褪黑激素的生成具有明顯的抑制作用。深夜長時間待在超商，會影響睡眠與覺醒的節律，導致失眠。

分泌褪黑激素的方法5　睡前不玩遊戲、不滑手機、不打電腦

如何運用下班回到家到睡前的這段時間，非常重要。很多人回到家後就是打電動、滑手機或打電腦。

九州大學的樋口重和教授指出，晚上長時間盯著電腦螢幕，會抑制褪黑激素的分泌，導致體溫不易下降，且不容易產生睡意。體溫必須下降，才能順利入睡。

長時間盯著手機、電腦和電視，或打電動，都會妨害睡眠品質。尤其戰鬥或格鬥類的電玩遊戲，會使人「興奮」，促使「腎上腺素」分泌，讓交感神經處於優位狀態。但人體晚間應該處於副交感神經優位狀態，因此打電動也會妨礙睡眠。

系統工程師等職業，由於眼睛一整天都緊盯電腦螢幕，連深夜也一樣，因此從事這類行業的人，經常被診斷出「晝夜節律失調」（白天睡覺，晚上清醒，日夜顛倒的睡眠節律障礙）。深夜繼續打電腦，實在是有害睡眠的習慣。

褪黑激素的生成過程

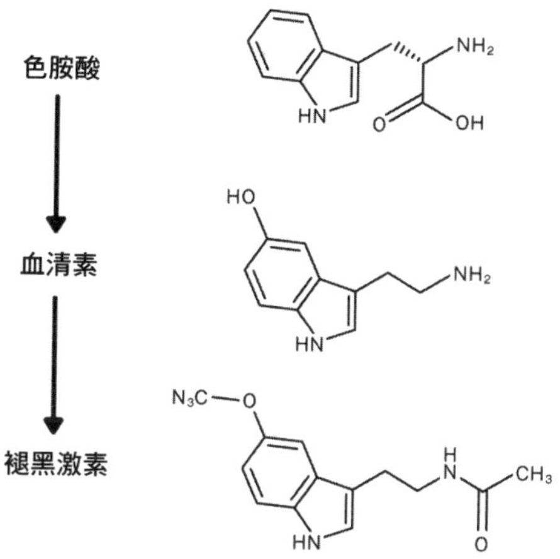

分泌褪黑激素的方法6　白天活化血清素

必需胺基酸色胺酸製造血清素，血清素再生成褪黑激素。也就是說，褪黑激素的原料是血清素。

早晨睡醒後，隨著身心開始活動，血清素的分泌量會逐漸增加，在上午時段分泌最為旺盛。隨著日落、天色變暗後，開始從血清素生成褪黑激素。

因此，血清素可說是「白天的活動物質」，而褪黑激素則是「夜晚的睡眠休息物質」。兩者分別在白天和夜間交互切換功能。

前面說過「憂鬱症患者幾乎都有睡眠障礙」，憂鬱症是一種血清素分泌狀況變差，血清素枯竭的狀態。

因此罹患憂鬱症的話，以血清素為原料的褪黑激素，分泌狀況也會變差，引發睡眠障礙。這樣的狀態持續惡化後，就會變成「失眠」。憂鬱症和失眠因為褪黑激素而產生了緊密連結。

千萬別認為「自己沒有憂鬱症，所以和我沒關係」。就算是沒有憂鬱症、身心健康、血清素處於非常活躍

褪黑激素和血清素的晝夜節律

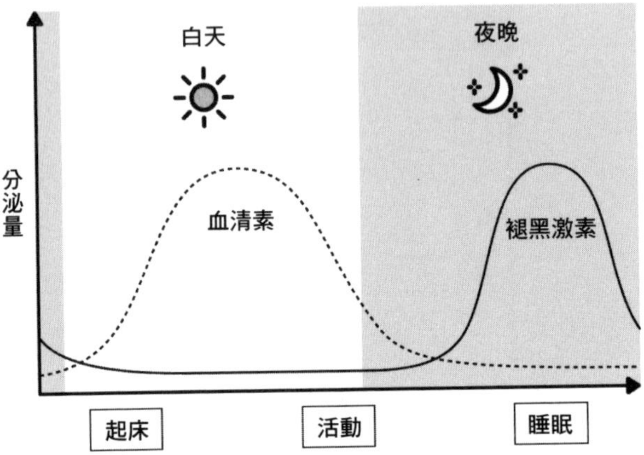

狀態的人，仍可能因為疲勞導致血清素活性變差。

就像第四章所說的，活化血清素具有激發意欲、改善情緒的效果。一旦血清素活化了，也有助分泌褪黑激素，因此為了「獲得優質睡眠＝充分分泌褪黑激素」，首先必須活化血清素。

請實踐第四章介紹的「血清素活化法」，幫助自己輕鬆入眠。

分泌褪黑激素的方法7　沐浴晨光

很多人覺得早起就要「早睡」，但就生物學來看，「早睡」和「早起」並沒有直接關聯。突然要一個夜貓子早睡，他們也很難有睡意，反而仍在床上躺到平時的入眠時間。

早起曬太陽（高照度的光線），可以重新設定生理時鐘。起床後約十五個小時，體內會開始分泌褪黑激素，自然產生睡意。「晚上想睡覺的時間＝褪黑激素開始分泌的時間」，這並非由上床的時間，而是由「早上起床的時間＝沐浴晨光的時間」所決定的。

換句話說，最有助早起的其實是早起。打起精神早起，重設生理時鐘，就能形成「早睡早起」的循環。

人體內有一個「生理時鐘」。神奇的是，生理時鐘的週期不是二十四小時，而是二十五小時。

每天早上曬太陽，當太陽升起，生理時鐘就會重設，所以二十五小時的週期並不會產生任何問題。但如果沒有早上曬太陽的生活習慣，就會使生理時鐘每天都慢一個小時，導致起床時間越來越晚。

那些早上起不來，而不想去學校的拒學學童，或足不出戶的孩子，體內的生理時鐘都沒有經過重設。因此早上才會老是起不來，生活作息日夜顛倒。

不過，早起之後只待在屋內看電視、報紙，是毫無意義的。想要重設生理時鐘，照射「高照度的光線」非常重要。確實曬到太陽，有助生理時鐘重設。

晴空萬里時，戶外的照度約為一萬勒克斯。進入室內後，立刻降到一千勒克斯以下。由於照度相差高達十倍以上，所以在戶外和在室內重設生理時鐘的效果也不同。

一大早起床後，與其待在室內，不如走出戶外直接曬太陽，確保生理時鐘重設。如果也想同時活化血清素，散步時間最好控制在三十分鐘以內。

☑

褪黑激素一分泌，身體自然抵萬病

打造不生鏽的身體

褪黑激素除了是「睡眠促進物質」，也是「細胞修復物質」。各項研究更證實其具有「預防老化」和「抗腫瘤」的效果。

首先，褪黑激素具有強力的「抗氧化作用」，而有預防老化的效果。所謂抗氧化作用是指，它能去除讓身體氧化的「活性氧」，產生抗老效果。

活性氧也會導致動脈硬化。當動脈硬化惡化，即會大幅增加罹患心肌梗塞和腦中風等心血管疾病的風險。

去除活性氧，不但可以預防動脈硬化，也可以預防心肌梗塞和腦中風。「維生素E」是廣為人知的強力抗氧化物質。而褪黑激素的抗氧化作用，是維生素E的兩倍。

我們經常說「打造不生鏽的身體」，而褪黑激素便具有防止身體生鏽的效用。只要褪黑激素在夜間分泌充足，就能有效降低罹病風險，預防老化。

並且，褪黑激素也被證實具有「抑制腫瘤細胞增殖」、「抑制血管新生」及「DNA修復作用」等各種抗腫瘤的效果。簡單來講，褪黑激素是體內重要的「復原物質」。

我們感到疲憊時，會喝提神飲料來「恢復體力」。但是，由於提神飲料含有興奮物質咖啡因，所以會讓身體莫名其妙地興奮。提神飲料只會讓人誤以為已經恢復精神，但其實根本沒有。

與其喝提神飲料，不如促進絕佳復原物質褪黑激素分泌。它能幫助你睡得好，為你打造不易生病且年輕的身體。這種美好的奇蹟荷爾蒙，可以在我們的腦內自行分泌。

反過來講，體力沒有恢復，身體達到極限後，就會發生「過勞死」。實際上過勞死並不是因為累積疲勞而死亡。即使累積過多的疲勞，也不會突然心肌梗塞或腦中風。

有研究結果指出，心肌梗塞和腦中風等過勞死病例的發生率，與工作量和難度並沒有成正比，而是「與睡眠時間偏短有關」。

根據某調查，每週工作四十小時、不加班的人，每天平均睡七．三小時；每個月加班時數八十小時，也就是一天加班三．五小時的人，平均睡眠時間降低至六小時；每個月加班時數達一百小時（一天加班四．五小時）的人，平均睡眠時間只有五小時。

工作繁忙、加班加不完，或下班時間很晚，導致睡眠時間不夠。身體如果無法藉由睡眠獲得充分休息和修復，便會增加罹患心血管疾病的風險。

也有研究數據顯示夜間工作和罹癌率的關聯。根據該數據資料，「每個月在夜間工作三次以上，且持續三十年以上，罹患乳癌的機率提高一．五倍」、「每個月在夜間工作三次以上，且持續十五年以上，罹患大腸癌的機率提高一．四倍」。

就算工作忙碌、非常有挑戰性，仍要確保有足夠的睡眠時間，且睡得好、睡眠品質佳，才能高效率地工作，並維持身心健康。

因此，絕不能缺少「高品質且時間充足的睡眠」。在夜間分泌褪黑激素，好好睡覺，對於維持健康相當重要。

多吃營養保健品，有效嗎？

聽到褪黑激素是長壽不老的妙藥，有些人會認為「那多吃褪黑激素的保健品不就好了」。

然而，就像我不斷叮嚀的，只從體外攝取營養保健品，並無法完全補充不足的腦內物質。

褪黑激素在日本屬於藥品。法律明文規定禁止製造、販售及進口。但在美國則不是藥品，可以作為保健食品服用，民眾可在超市等地方自行購買。

儘管有數據顯示褪黑激素在睡眠和免疫功能上，可發揮重要作用，但缺乏數據證明，補充相關營養保健品可以獲得同樣效果。

實際上，美國食品藥品監督管理局（ＦＤＡ），並不承認褪黑激素具有醫療效果和效能。此外，也沒有研究數據保證，長期服用的安全性及無副作用等。

雖然有「褪黑激素可以幫助適應時差」的說法，但並沒有研究數據證明，褪黑激素可以有效治療失眠。如果它效果顯著可以當作失眠藥的話，應該早就成為治療失眠的藥物。顯然，從目前看來不是這樣。

其實最好是在體內自行合成分泌腦內物質，而非從體外攝取。與其補充營養保健品，更重要的是養成有助分泌褪黑激素的生活和行為。

應注意的是，睡眠不只是由褪黑激素所誘發，也與具有鎮靜作用的

「GABA神經傳導物質」息息相關；睡眠也與褪黑激素以外的荷爾蒙，和各種睡眠相關物質在白天和夜晚的濃度變化（體液調節）相關；另外，交感神經與副交感神經的平衡和睡眠節律，也相當重要。

補充褪黑激素營養品，並不會改善所有會影響睡眠的因素。更重要的是改善生活習慣，讓身體獲得深層睡眠，消除身心的疲勞。這樣才能好好蓄積精力，為明天繼續奮鬥。

到底要睡幾個小時才夠？

我也經常被問到：「到底要睡幾個小時才夠？」

調查結果顯示，日本人的平均睡眠時間，平日為七小時二十六分鐘，週六為七小時四十一分鐘，週日為八小時十三分鐘。

從睡眠時間與壽命的關係來看，睡眠時間在七至八小時的人，平均壽命最長。也就是說，睡眠時間過短或過長，都會減短壽命。

另外，一個針對「睡眠時間與憂鬱症發病關係」的研究調查顯示，睡眠時間約七小時的人，最不容易罹患憂鬱症。

從這些數據我們可以得出的結論是，七至八小時是健康的睡眠時間。

但是，由於睡眠時間有個體差異，因此不能一概而論地說幾小時最理想的。如果我在這裡告訴大家，七小時是最理想的睡眠時間，那麼一定會有人誤以為「我只睡六小時，那就是睡眠不足了吧」。

早上起床時，感覺「睡得很好」（熟睡感），就代表睡眠質量不錯。睡眠最重要的不是「睡多久」，而是有沒有「熟睡感」。

有的人會說自己「很會睡，不會有問題」，但他們所說的「很會睡」，意思幾乎都是「睡得久」。

因此，即使出現「起床後精神不佳」、「無法消除疲勞」的症狀，只因為睡眠時間充足，就誤以為自己「睡得很好」。

睡眠的量（時間）和品質（熟睡感）都很重要。兩者皆達到一定標準的話，睡醒後會感到神清氣爽，不會疲倦。睡得夠久但還是無法消除疲勞的話，可能是因為睡眠品質不佳。

請你不要只看量，也應該注意睡眠品質。由睡醒的感覺，大概就能判斷出睡眠品質。睡得熟，起床時感覺舒服，就是睡眠品質良好的證據。

如果質與量都不好，代表自己的生活習慣有礙睡眠。請改掉不好的睡眠習慣，讓自己擁有「質量俱佳」的理想睡眠。

Chapter

5

摘要

總結

☐ 睡眠物質褪黑激素分泌時，會令人產生睡意。

☐ 睡眠物質褪黑激素，是熟睡、消除疲勞不可或缺的腦內物質。

☐ 失眠是身心疾病的前兆。

☐ 可運用下列七種方法，促進褪黑激素分泌：

① 在燈光全暗的房間睡覺
② 睡前待在昏暗的房間放鬆
③ 睡前不要照螢光燈
④ 深夜不要到超商看雜誌
⑤ 睡前不玩遊戲、不滑手機、不打電腦
⑥ 白天活化血清素
⑦ 沐浴晨光

☐以每天熟睡七至八小時為目標。

Chapter

6

Thema

靈感枯竭沒新意！
活用乙醯膽鹼讓你創意過人好得意

乙醯膽鹼工作術

Business skills using
Acetylcholine

Neurotransmitter

ACETYLCHOLINE

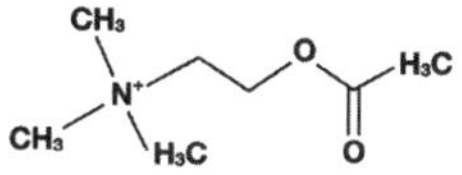

☑ 想要效率升、靈感來，請先將乙醯膽鹼分泌出來

沒有動力時，先做就對了！

你是否也有過這樣的經驗：想要打掃家裡，卻提不起勁。但一旦打起精神開始動手打掃，竟然會越做越投入，一口氣打掃得乾淨溜溜……

德國精神病學家埃彌爾・克雷培林（Emil Kraepelin）將開始作業後，越來越有幹勁的狀態，稱為「勞動興奮」。也就是俗語說的「越做越起勁」、「產生動力」、「起了興致」——彷彿打開了大腦的動力開關。

很多人提不起勁時，會等到幹勁來了才開始動手做事，這是錯的。就腦科

學來講，「提不起勁時，做了再說」反而才是提升動力的正確做法。

大腦的「伏隔核」位於腦部中央，兩側大腦半球各有一個伏隔核相對稱，體積跟蘋果籽一樣小。當伏隔核的神經細胞開始活動時，人就會產生幹勁。

但是，某種程度而言，伏隔核的神經細胞只會在接受到「刺激」時，才會開始活動。因此慢慢等待的話，永遠得不到刺激。

打起精神動手做，就會對伏隔核產生刺激。伏隔核興奮後，會分泌「乙醯膽鹼」，讓興致越來越高昂。

乙醯膽鹼是「副交感神經」的節前與節後神經纖維（使副交感神經興奮）、「交感神經」的節前神經纖維（抑制交感神經），及運動神經的傳導物質。

交感神經催油門時，副交感神經就會踩煞車。就像第三章說的，交感神經興奮會促使腎上腺素分泌。因腎上腺素分泌而加速的油門，由乙醯膽鹼負責控制煞車。

乙醯膽鹼的其他功能包括，從基底前腦（梅納德氏基底核、內側隔核等）投射至大腦皮質、大腦邊緣系統、視丘等部位，掌管認知功能（思考、記憶、學習、注意力、專注力）、覺醒與睡眠（尤其是快速動眼期睡眠，REM）、產生θ波及情感記憶等。從工作術的角度來看，乙醯膽鹼是與「認知功能」、「靈感」、「作業效率」、「創造力」及「發想力」密切相關的腦內物質。

只要能控制乙醯膽鹼，就能得

乙醯膽鹼的主要功能

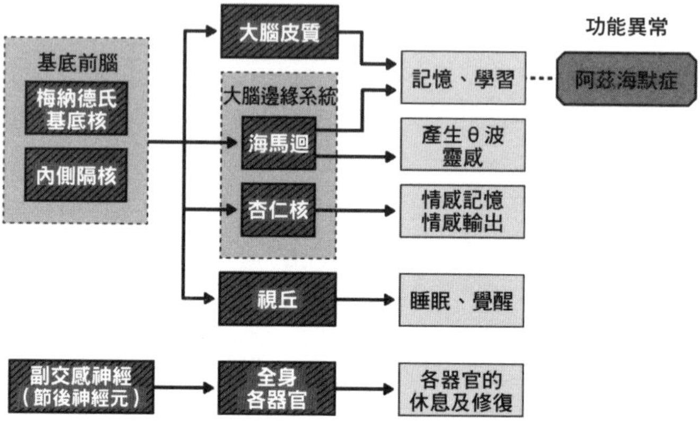

注：為利說明，已簡化主要通道

到「增加工作效率」、「產生靈感」等好處。

如何提升大腦效率？

二十幾年前，我在一間忙碌的綜合醫院工作。那時候上午的看診人數高達五十至六十人。看完所有的病患後，我的大腦和身體都已經累慘了。

這種時候，吃完午餐後，剩下的三十分鐘午休時間，我會用來「睡午覺」。藉此消除上午的疲憊，精神奕奕地繼續看完下午的門診。

相信很多人都曾體會過，睡完午覺後，大腦和身體的疲勞都有效消除了。實際上，許多腦科學研究對於「睡午覺」的習慣，也抱持肯定的態度，因為睡午覺確實有益大幅改善大腦機能。

曾針對「午睡與太空梭駕駛的相關性」進行研究，並獲得卓越成果的美國NASA科學家馬克．羅中金（Mark Rosekind）表示，「短短二十六分鐘就可以讓員工能力提升三四％，還有比午睡更好的經營策略嗎？」

只要中午小睡三十分鐘，就能恢復三〇％以上的腦部機能。「午睡」的效果就是這麼神奇！

以日本人為對象的研究也發現，「中午習慣睡三十分鐘以內的人，阿茲海默症的罹病率是沒有午睡習慣的人的五分之一」。關於這一點後面會再詳細說明，而阿茲海默症患者的乙醯膽鹼功能低下，是已經證實的事實。阿茲海默症與乙醯膽鹼密切相關。

在第五章已經說明過與睡眠有關的腦內物質是「褪黑激素」，然而睡眠也和乙醯膽鹼息息相關。睡眠時（尤其是ＲＥＭ階段），乙醯膽鹼的分泌量會增加，幫助大腦和身體休息。

因此，工作太累而抵擋不住濃濃的睡意時，與其喝咖啡或提神飲料，忍著睡意繼續工作，不如小睡三十分鐘來改善腦部機能，提升工作質量。

但是，若午睡超過六十分鐘，阿茲海默症的發病率反而會提高二．六倍。午睡時間過長，也會導致晚上睡不著，對睡眠節律造成不良影響。

靈感激噴的「θ波」

很多人都知道，在精神放鬆的狀態下，會釋放腦波「α波」。「θ波」也是腦波的一種。相較於α波頻率為九至十二赫茲，θ波頻率則是四至七赫茲。

也就是說，θ波的頻率比α波慢，是在淺睡階段和深度冥想狀態下，才會產生的腦波。

θ波與乙醯膽鹼的關係非常密切。因為乙醯膽鹼會刺激海馬迴，產生θ波。

雖然海馬迴也會自行產生θ波，不過活化乙醯膽鹼後，會更容易產生θ波。突觸（神經元與神經元之間的連結）也會更容易連接。

突觸更容易連接後，就更容易穩固記憶。我們經常說「突觸連接時，會出現意想不到的妙點子」，但也可以說「產生θ波，會更容易有靈感，想出獨特的創意」。

彼此關係便是，「分泌乙醯膽鹼→從海馬迴產生θ波→提升記憶力、發想力」。只要能促進分泌乙醯膽鹼，產生θ波，就可以提升記憶力，想出絕佳的好點子。

產生θ波的方法除了「睡午覺」之外，還包括「刺激好奇心」、「走出戶外」、「坐著時動動手腳」等。

時常保持好奇心，挑戰新事物，就能讓大腦青春永駐，不易「忘東忘西」。這是因為好奇心會促進乙醯膽鹼的分泌。

具體而言，「接觸新事物，去沒去過的地方」、「研究或探索自己的興趣」、「選擇充滿新鮮刺激感的生活環境」等，都有助產生θ波。

外出時也一樣。到陌生的地方散步，光是周遭環境和風景的變化，就能幫助產生θ波。

旅遊節目很受觀眾喜愛。節目由知名人士造訪都市近郊的景點，在途中拜訪當地店家，與素人展開互動與交流，並介紹當地文化。

總之，就是到陌生的城鎮「閒晃」，而這本身就能促進乙醯膽鹼分泌。

我一到中午就會外出吃飯。除了可以活化血清素，同時也能促進分泌乙醯膽鹼。

只要知道哪裡有新店開張，就一定會去光顧。或者，嘗試同一家店的新菜色。

一小時的午休時間，透過挑戰「新店」和「新菜色」，就能激發好奇心，促使乙醯膽鹼分泌。

外出吃中餐的時候，我一定會攜帶「筆記本」。因為，等餐時，或者吃飯時，腦袋經常浮現各種很棒的創意和靈感。

輕鬆進行創意發想的創造力四B

在《7等於多少？瑞典式創意教育》（*Idébok för föräldrar*）一書中，提供了許多孕育獨特創意的重要方法。

該書指出「四個容易浮現創意的地點」為：酒吧（Bar）、浴室（Bathroom）、公車（Bus）及床上（Bed）。取每個單字的第一個英文字母後，簡稱為「創造力四B」。

創意不是坐在辦公桌前絞盡腦汁，就能想出來的。在放鬆、放空發呆的剎那，創意反而可能一閃而過。而可以讓精神放鬆的地方，就是「創造力四B」，包括：到酒吧小酌到微醺、放鬆泡澡的時刻、搭乘公車或電車時，以及就寢前後，這些地方皆有助於發想出獨特的創意。據說阿基米德就是在泡澡時，發現「阿基米德浮體原理」。

我搭電車時，也經常在看車廂內的廣告，或觀察其他乘客，常常腦中就會浮現有趣的想法。

「創造力四B」也可以說是「θ波四B」。每個地方都是容易產生θ波、促進乙醯膽鹼分泌的空間。

提交企畫書的期限迫在眉睫時，很多人都會坐在辦公桌前費盡腦力思考，或者大家一起關在會議室討論。但就腦科學的觀點，這些行為很明顯會帶來反效果。

想獲得靈感，必須先吸收知識。因此事前仍需閱讀大量資料，或在「最短時間內」相互討論想法。不過仍要遠離辦公桌和會議室，才比較容易浮現珍貴的創意。

「創意不是在會議室孵出來的！是在現場探索出來的！」

這句話改寫自日劇《大搜查線》裡的經典台詞，只要意識到「創造力四B」，你也可以很輕鬆地進行創意發想。

✓

掌握大腦工作時間，效率躍升至頂尖

上午：理論性工作

前面已經介紹過，早上起床後的二至三小時為「腦部黃金時段」，是腦部最活躍的時段。

該怎麼運用「腦部黃金時段」？運用方式不同，會讓一整天的工作量和效率差好幾倍。

比如說，實際上我只需要一個月就能寫完一本書。聽到我這麼說時，幾乎所有人都會感到訝異。尤其是編輯和作家等出版業者，更是為之驚訝。因為通常寫一本書約需三個月。

為什麼我可以用比一般人快三倍的速度寫完一本書呢？因為我能有效運用「腦部黃金時段」。

腦部黃金時段是早上起床後的二至三小時。在這個時段專心寫文章，可以寫完十至二十張稿紙。一本書總共約三百至四百張稿紙，因此以這個速度寫作的話，大概一個月就可以完成。

我如果改成在晚上寫書，就算坐在書桌前二到三個小時，也寫不到十張。有了上述經驗，我更深切地感受到腦部黃金時段的重要。

這麼一講，一定會有人會反對。

「我在晚上的時候，頭腦特別清晰」、「我在深夜比較能專心做事，想出各種點子」等。「夜貓型」的人一定會這樣反駁。

然而，針對這一點，我們可以透過腦科學來解釋。

由於睡了一個晚上醒來，前一天的記憶經過整理，所以上午大腦處於乾淨的狀態。就像桌上沒有擺放任何東西，整齊乾淨的樣子。藉由睡眠獲得充分休息後，大腦的作業效率也能隨之提升。

並且，以腦內物質而言，上午是「血清素」和「多巴胺」等各種「胺類」處於優位的狀態。這種狀態適合進行「理論性」且進階性的大腦作業，需要整合性、精密度、邏輯性及高專注力。例如：

- 需要邏輯思考和理性判斷的重要決策。
- 高度複雜的計算。
- 翻譯、語言學習等語言活動。
- 書寫文章。

這類工作較適合在上午的腦部黃金時段完成。另外，也可以在這個時段綜觀整體工作內容，例如「列出工作清單」、「設定目標」及「訂定計畫」等。

下午與夜晚：創造性工作

到了下午，大腦會開始感到疲勞，進行進階且理論性工作時，效率會慢慢變差。

乙醯膽鹼較容易在午後至傍晚分泌。下午容易產生睡意，其實是因為乙醯膽鹼活性增加，θ 波處於容易釋放的狀態。

下午大腦雖然疲憊，卻也是一個大好機會，能藉此擺脫理性思考的束縛，發揮天馬行空的想像力。

而在深夜時段，更容易產生θ 波，得到「靈感」和「嶄新的想法」，所以較適合進行需要創意發想的工作。因此乙醯膽鹼也被視為「創造力的來源」。

靈感並非有意識地將一個個記憶連結起來，而是透過乙醯膽鹼的作用，記憶隨機連結後的結果。不會因為絞盡腦汁地想，就能湧現靈感。

從事創意工作、創作活動等，必須突破常識和既定思維。越是被「一定要〇〇不可」的說法綁住，思維和想法就會被理論困住，無法擁有天馬行空的奇特想法。

晚上和深夜時，「理性思考的束縛」會鬆綁，容易分泌乙醯膽鹼，適合從事「創造性活動」。

舍妹是一位雕刻家，我問她通常在什麼時候創作，她說，「晚上至深夜，因為上午或白天沒有靈感」。我也問過幾位藝術家朋友同樣的問題，他們的回答也幾乎都是傍晚、深夜，甚至熬夜進行創作。

需要創造力的藝術家，從腦科學的角度來看，比較適合在「夜間」工作，實際上很多藝術家也都妥善運用夜晚進行藝術創作。因此，比起上午，藝術家將工作重點放在下午和晚上，反而更符合大腦的運作模式，而能發揮超過百分之百的潛能。

上午適合理論性工作，下午和晚上適合創造性工作。由於我掌握了白天與夜晚的「大腦適性」，所以能讓工作非常有效率。

至少，我不會在晚上「寫文章」。不花時間做這種吃力不討好的事，而能更有效率地運用時間。

我個人習慣在下午和晚上進行創造性工作。以寫作來講，就是「創意發想」、「蒐集寫作素材」等「讓概念加溫」、「產生概念」的工作。

下午至傍晚時段，也適合用來欣賞電影。若要書寫文章，我不會選擇在晚上寫理論性的文章，而是寫專欄或部落格等趣味性較高的日記型文章。

或者，想和朋友聚會、聊天，從他人身上取得靈感時，也一定會選在中餐以後。

有些人每天的工作大同小異，如實完成即可。但如果不是這種型態的工作，上午不妨將重點放在「理論性工作」，等下午乙醯膽鹼活化後，再將重點放在「創造性工作」。藉此，你的工作效率一定能飛躍性地成長。

九九%的事都會遺忘！如何睡出靈感、增強記憶

睡眠中產生靈感？有科學根據的！

歷史上很多有名的發現，都是在睡眠中探索到的。

例如，化學課本背面印的「元素週期表」。它是由俄羅斯化學家門得列夫（Dmitri Mendeleev）首創。據說某天晚上他獨自玩著撲克牌，同時思考著宇宙的性質。不知不覺打起瞌睡，一回神後，他突然領悟了宇宙中所有原子的排序。一醒來，他馬上畫下這個有名的元素週期表。

又或者發現苯環結構的德國化學家凱庫勒（August Kekulé）。據說他夢

苯環結構和銜尾蛇

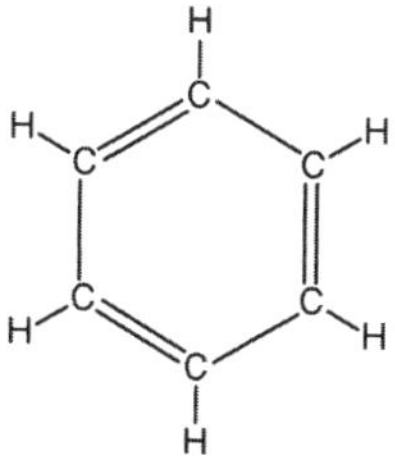

苯環結構

銜尾蛇
咬住自己尾巴的蛇（龍）

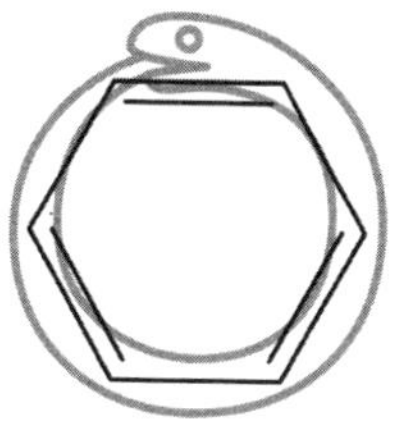

從銜尾蛇獲得
苯環結構的靈感

到一隻蛇咬著自己的尾巴，繞成一圈（銜尾蛇），而聯想到「六角形的苯環結構」。

就像這樣，很多歷史性的卓越想法，都是在睡眠中或夢中產生的。你或許會覺得「那是因為他們是天才啊」，但我不這麼認為。

在睡眠中可以思辨、發現新事物，是有科學根據的。

睡眠可分為淺睡的REM和深睡的NREM。而進入REM時，我們就會做夢。REM的主要腦波是θ波。

在REM階段，乙醯膽鹼非常占優勢，血清素和多巴胺等胺類則處於最低量的狀態。經常夢見異想天開或超現實的夢境，是因為大腦脫離了胺類所控制的理性思維。

此外，靈感也和記憶有關。

在淺睡的REM期間，無數神經元仍不斷改變模式，頻繁傳送電子訊號。令人意外的是，大腦在睡眠中仍然很活躍，並在REM期間，進行「記憶整理」。

早上井然有序的辦公桌，在一整天的工作結束後，也會因為堆滿文件和書籍而變得亂七八糟。大腦在睡眠中經過整理後，會變得有條不紊，而負責整理工作的，主要就是乙醯膽鹼。前面也說過，乙醯膽鹼在REM中處於活化狀態。

在乙醯膽鹼分泌活躍的狀態下，記憶和記憶會連結起來，產生關聯性，因此經過整理後，可以穩固記憶。

但如果沒睡好，就無法讓記憶穩固地扎根於大腦。熬夜臨時抱佛腳，是最差的讀書方法。

在記憶整理的過程中，如果能讓關聯性較弱的事情或記憶順利產生連結，並從中發現意義，就能湧現靈感和創意發想。

就腦科學來看，在夢中或睡醒的瞬間獲得非凡的歷史性新發現，其實是天經地義的事。

如何獲得天才般的絕妙靈感？

不是天才的我們，也想得到與眾不同的靈感。而靠睡眠，我們就能得到靈感。

所謂靈感並非「從零開始產生點子」，而是連結腦內已有的資訊。因此，材料得先儲存在我們的腦中。

想要有好的創意發想，必須先吸收大量知識和資訊。大量閱讀。獲得很多資訊。豐富經驗。多次嘗試。藉此，就能獲得靈感。

門得列夫和凱庫勒平時都已讀過大量論文，並反覆假設所有可能的理論，才能在睡眠中擺脫「理性的束縛」，獲得跳脫理性和常識的絕佳靈感。

也請你大量閱讀並吸收知識。透過聊天、電影及小說等不同方式所吸收的資訊，都能成為靈感來源。

另外，湧現靈感的那一剎那，將靈感筆記下來也很重要。

靈感不過是神經細胞的火花（電流傳遞），它就如同煙火一樣短暫。就像煙火綻放的瞬間，如果不立刻按快門，就拍不到煙花一樣，腦中神經細胞的火花，也是轉眼間就消失了。請記得，靈感不會保存在記憶中。

從美夢中醒來時，會短暫地感到愉悅，之後很快就會忘記夢中的細節。因為夢境純粹只是神經細胞的火花。

我們會記住惡夢好幾天，是因為分泌了與恐懼有關的「腎上腺素」和「去甲腎上腺素」等記憶增強物質。幾乎所有的夢和靈感，幾分鐘後就會被遺忘。

這也是沒辦法的事。因為大腦的運作方式就是這樣。記住全部事情的話，大腦就會因為塞滿過多資訊而異常。吸收進來的資訊和靈感，有九九%都會被遺忘。

因此，靈感湧現的瞬間，請一定要寫下來。少了這個動作，就會忘記非凡的創意發想和歷史性的大發現。養成寫筆記的習慣，你的創意筆記本就能累積許多獨特的點子和靈感。

☑

你在意就不怕沒創意！四大孕育靈感的生活習慣

抽菸讓腦袋更清醒專注？

「抽菸時，腦袋變清醒，也更專注。所以，抽菸可以提升工作效率。」

經常有人會這樣為自己辯護，但從醫學角度來看，這種想法其實大錯特錯。不過是讓自己可以繼續抽菸的藉口罷了。

乙醯膽鹼的接受器包含：蕈菌鹼性接受器（muscarinic receptor）與尼古丁接受器（nicotinic receptor）。接受器能與腦內物質結合，宛如接收刺激的開關。

如大家所知，尼古丁是香菸內的主要成分。抽菸時，肺部會吸收尼古丁，只要七秒即可到達腦部，與尼古丁接受器結合。也就是說，尼古丁和尼古丁接受器結合時，會與乙醯膽鹼和尼古丁接受器結合時，出現同樣的反應。因此，抽菸的人才會感覺腦袋清醒，覺得抽菸有提神效果。

這麼一寫，有些人可能會誤以為抽菸是有益的，不過請別太早下定論。有菸癮的人，應該是每天都會抽菸。天天抽菸可是會在腦內引發很嚴重的問題。

從香菸攝取尼古丁，刺激乙醯膽鹼的接受器，大腦會誤以為「乙醯膽鹼的分泌量很充足」，而怠於製造乙醯膽鹼。

繼續抽菸則會讓上述情形惡化，最後導致「乙醯膽鹼不足的狀態」變成正常狀態。由於大腦已經不再製造乙醯膽鹼，因此必須從體外攝取尼古丁。這就是「尼古丁成癮症」（香菸成癮症）。

抽菸時之所以令人感覺「腦袋清醒」，不過是因為從「乙醯膽鹼不足的狀態」，恢復至「正常狀態」。

此外，與尼古丁接受器結合的尼古丁，三十分鐘後就會減半。身體馬上又回到缺乏乙醯膽鹼的狀態，因而感到焦躁、心神不定。

所以，必須每三十分鐘或一小時就要抽菸，持續從體外補充尼古丁，繼續欺騙大腦「還有類似乙醯膽鹼的東西」。

這種狀態，能說是健康的嗎？

過去，曾經有抽菸能降低阿茲海默症風險的說法，不過現在這個說法已經被推翻。大規模的流行病學研究結果顯示，「抽菸會使罹患阿茲海默症的風險提高一．七九倍」。

很多人都知道，抽菸除了會提高肺癌等各種疾病的罹病率，也會對身體產生相當不好的影響。但是，香菸不僅對身體，也會對腦部造成不良影響。

抽菸會阻礙你的身體製造乙醯膽鹼，引起莫名的焦慮感，降低你的工作效率。

預防阿茲海默症最有效的生活習慣

前面多次提到「阿茲海默症與乙醯膽鹼」的大規模研究調查，這是因為兩者有密切關聯。

阿茲海默症為「失智症」的一種，是「β類澱粉蛋白」沉積在腦內，導致神經細胞死亡的疾病。研究已證實阿茲海默症的患者，乙醯膽鹼的分泌量不足。

阿茲海默症最廣為人知的症狀是「健忘」，也就是「記憶障礙」，除此還會出現「認知障礙」。正如字面所示，它會有多項認知功能受損的情況，包括記憶、學習、專注、思考、視覺空間認知等障礙。

「多奈哌齊」（Donepezil）是治療阿茲海默症（阿茲海默型失智症）的藥物之一。簡單來講，它是能增加乙醯膽鹼的藥物。

服用多奈哌齊，可以改善患者的認知功能。由此也可知，認知功能與乙醯膽鹼息息相關。

有些人可能會認為，既然服用多奈哌齊可以增加乙醯膽鹼，那麼沒有阿茲海默型失智症的人吃了這個藥，就可以增加乙醯膽鹼，提升「認知功能」。但很遺憾地並不是這樣。

多奈哌齊純粹是阻礙乙醯膽鹼分解的藥。它可以延遲乙醯膽鹼的分解，提升乙醯膽鹼的功效。但它無法促進乙醯膽鹼生成、增加分泌量，因此非阿茲海默症的人吃了多奈哌齊，也不會有顯著的效果。這種藥只有乙醯膽鹼病態性低下的人吃了才有效。

要促進乙醯膽鹼的分泌，仍應該由改變生活習慣做起。

預防阿茲海默症最有效的生活習慣是「運動」。

在芬蘭一個針對一千五百名民眾進行的前瞻性研究顯示，每週運動超過兩次的人，罹患失智症的機率比其他人低了五〇%以上。

也有研究指出，每週兩次、一次二十分鐘以上的有氧運動，可以降低六〇%的阿茲海默症罹病風險。其他眾多研究也認為定期的有氧運動，可以預防阿茲海默症。

實際上，失智症的臨床治療案例也觀察到，雖然「健忘」這個症狀是經年累月逐漸加重的，但通常在患者不良於行或臥病在床後，症狀會急遽惡化。

透過步行等有氧運動，腦內的「膽鹼性神經元」（釋放乙醯膽鹼來傳遞訊息的神經）會產生作用，增加大腦皮質和海馬迴的乙醯膽鹼釋出量，增加血流。並且，由於腦內膽鹼性神經元處於活化狀態，因此大腦皮質的微血管擴張，減輕阻塞的腦血管血流不足的情況，避免神經細胞缺血死亡。

因此，運動對於老人具有非常重要的意義。當然，年輕人也要適度地進行有氧運動。透過運動，可以促進分泌乙醯膽鹼和多巴胺等腦內物質，活化腦部。

建議的運動量是至少每週兩次有氧運動，每次四十五分鐘至六十分鐘。可以的話，不妨將運動頻率改成每週四次。

讓你萌生靈感的最佳飲食

一旦缺乏乙醯膽鹼的原料「卵磷脂」，就無法充分合成乙醯膽鹼。想要活化乙醯膽鹼，從飲食中確實攝取卵磷脂相當重要。

即使補充對大腦有益的營養保健品，也會被「血腦障壁」（blood-brain barrier）這個腦的交通要塞擋住，而無法充分進入腦部。但是，從日常飲食中攝取的卵磷脂很容易進入腦部，成為乙醯膽鹼的原料。

不過，並不是攝取兩倍富含卵磷脂的食物，體內就會製造兩倍的乙醯膽鹼。但在缺乏卵磷脂的狀態下，就可能無法充分製造乙醯膽鹼，因此請避免卵磷脂不足。在介紹其他腦內物質與飲食的關係時，也已經說明過這個邏輯。

富含卵磷脂的食材包含，蛋黃、大豆、穀類（尤其是糙米）、肝臟、堅果等。因此，「蛋液拌飯與豆腐味噌湯」這類日式傳統早餐，便富含卵磷脂。

並且，卵磷脂具有獨特的「乳化作用」，可溶解油脂。例如，在咖哩中添加豆漿提味，口感會變得非常滑順；如果將豆漿加入浮有油脂的湯裡，表面的油膜便會溶入湯裡。這是因為以大豆製成的豆漿，富含卵磷脂。

經由乳化作用，卵磷脂可以溶解黏在血管壁的膽固醇，具有預防動脈硬化的效用。由於會分解肝臟的脂肪，因此也可以預防脂肪肝。卵磷脂可以有效預防生活習慣病，建議積極攝取。

遵從傳統的日式飲食習慣，日常生活中就能補充足夠的卵磷脂。現代年輕人多有偏食習慣，可能會出現卵磷脂不足的情況。請務必留意。

感冒藥的驚人副作用

與阿茲海默症的治療藥多奈哌齊相反，有些藥物會減少乙醯膽鹼的量。感冒藥、鼻炎藥、止瀉藥等藥物內含「鹽酸二苯胺明」（Diphenhydramine）和「東莨菪鹼」（Scopolamine）成分。這些成分具有「抗膽鹼作用」，會抑制乙醯膽鹼。

你應該也曾感受過，服用感冒藥之後，腦袋變得昏昏沉沉，什麼都不想做，而且很想睡覺。這是由於乙醯膽鹼受到抑制而出現的症狀。

有人以為「有一點感冒症狀，為了謹慎起見，要趕緊服用感冒藥。」但在服用含有抑制乙醯膽鹼成分的感冒藥後，大腦便無法發揮完整功能。因此，在重要的報告和考試前，一定要小心服用感冒藥。

想治好感冒，提升免疫力相當重要。而休息和充分的睡眠，才是最有效的療法。

感冒藥會導致認知功能（思考力、判斷力、專注力等）下降，因此吃了感冒藥之後，當然不應該開車。注意力下降有引發追撞事故的危險。

感冒藥的說明書，都會寫上避免開車或操作機械等注意事項，理由便是感冒藥會抑制乙醯膽鹼，導致認知功能下降。

另外，為了緩解流鼻水的症狀，感冒藥通常會添加具有「抗組織胺作用」的成分。這種成分也會產生頭腦昏沉、想睡覺的強烈副作用，請務必謹慎服用。如果一定要吃感冒藥的話，建議吃了以後在家好好休養。

Chapter

6

摘要

總結

☐ 腦內物質乙醯膽鹼與認知功能和靈感，有密切關係。

☐ 沒有動力時，開始動手做就對了。「勞動興奮」有助產生幹勁。

☐ 午睡二十六分鐘，就能改善三四%的大腦效率。

☐ 「運動」是活化腦部最簡單的方法。

☐ 產生θ波，就容易湧現靈感。「走出戶外」、「睡午覺」、「坐著時動動手腳」、「刺激好奇心」都可以促進產生θ波。

☐ 創意發想必須意識到「創造力四B」（Bar, Bathroom, Bus, Bed）。

☐ 大腦在各時段有不同適性。上午適合理論性作業，下午和傍晚則適合創造性工作。

☐ 想獲得卓越的靈感，必須充分吸收知識和資訊以作為材料。並且，靈感出現時，立刻寫下來。

☐ 抽菸習慣不利合成乙醯膽鹼。

☐ 乙醯膽鹼的原料為卵磷脂，可以從蛋黃和大豆中獲得。

Chapter 7

Thema

人生空洞好艱難！
一劑腦內麻藥讓你排除萬難

腦內啡工作術

Business skills using
Endorphin

Neurotransmitter

ENDORPHIN

Tyr-Gly-Gly-Phe-Met-Thr-Ser-Glu-
Lys-Ser-Gln-Thr-Pro-Leu-Val-Thr-
Leu-Phe-Lys-Asn-Ala-Ile-Ile-Lys-
Asn-Ala-Tyr-Lys-Lys-Gly-Glu

☑

超強腦內麻藥
助你衝破自我極限

格鬥選手不會露出痛苦表情的真正原因

在拳擊和K-1格鬥等比賽中，經常見到選手遭到痛擊，臉部腫起，甚至令人擔心是不是連骨頭都斷了。但即使如此怵目驚心，選手也完全沒有露出痛苦表情，繼續奮戰。

並不是因為格鬥選手有特別鍛鍊過意志力，所以耐得住強烈疼痛。受重傷的部位，一定會伴隨著難以忍受的強烈疼痛。患部持續遭受攻擊的話，一般而言是無法忍受的。

第三章已經說過，在興奮狀態下會分泌「腎上腺素」。雖然腎上腺素也有鎮痛作用，不過效果並沒有強到可以舒緩骨折等強烈痛感。即使身上的傷疼痛難耐，也能不露出痛苦表情繼續搏鬥，這都要歸功於「腦內啡」。

腦內啡是具有強大鎮痛作用的腦內物質。它的鎮痛功效是「嗎啡」的六．五倍。嗎啡是麻藥的一種，在醫療上也會用來減緩末期癌症患者的強烈疼痛。而比嗎啡鎮痛功效高出好幾倍的物質，在我們的腦內就會自行分泌。

腦內啡由大腦製造，在承受重大壓力時會開始分泌，發揮止痛效果。我們稱之為「緊張所致止痛作用」。

對壓力產生反應，由腦下垂體分泌的腦內啡，會與分布於大腦皮質、視丘、脊髓等部位的「鴉片類接受器」結合，除了止痛效果以外，也有減少腸胃蠕動、瞳孔縮小、欣快感、心搏減緩、抑制神經傳導物質的功能。

鴉片類接受器也會與嗎啡和海洛因等麻藥結合。由於有鴉片類接受器，因此有些人會沉迷於麻藥帶來的「欣快感」和「迷幻感」，以致麻藥中毒。

我們的腦中竟然存在著這種危險的接受器，真是令人覺得不可思議。但是，其因果關係卻剛好相反。

鴉片類接受器不是為了那些麻藥而存在，而是人體內原本就存在著與麻藥相似的物質。那就是腦內啡。

腦內啡分泌時，和服用嗎啡一樣，會產生「快樂感」和「迷幻感」。因此腦內啡也被稱為「腦內麻藥」。

腦內啡的英文為「Endorphin」，由表示「內在」的「endo」和嗎啡的「morphine」組成。腦內啡為由大腦自行分泌的類嗎啡物質，也就是「內因性嗎啡」。

鴉片中含有的嗎啡，恰巧和腦內啡的構造相似，所以可以和鴉片類接受器結合，發揮與腦內啡相同的效果。因此，嗎啡和由嗎啡製造的海洛因等，才會被當作麻藥使用。

除了腦內啡，或許你也聽過「β腦內啡」。

腦內啡分為「α」、「β」、「γ」三種。其中，在減輕痛苦時，β腦內啡的分泌量最多。也就是說，β腦內啡是止痛作用最強的腦內啡。

本書所稱的「腦內啡」，也包含β腦內啡。

《賣火柴的小女孩》看見幸福幻影的理由

在日本，《賣火柴的小女孩》也是廣為人知的安徒生童話。我不認為這個故事只是給小孩看的單純童話，而是改編自真實事件的故事。讓我們再來回顧這則故事。

在歲末的除夕夜，小女孩獨自在寒冷的夜晚賣火柴。沒賣完火柴，小女孩就不能回家，可是幾乎沒有人跟她買火柴。

到了深夜，小女孩為了替自己取暖而點燃火柴。明亮的火焰中，一一浮現出暖烘烘的火爐、火雞大餐、裝飾美麗的聖誕樹等幻影，但隨著火柴熄滅，幻影也跟著消失。

她再度點燃火柴，這次出現的幻影是她最愛的奶奶。

害怕奶奶隨著火焰消失的小女孩，慌張地點燃全部的火柴。奶奶的身影被包圍在亮光中，將小女孩輕輕地摟在懷中，兩人一起飛往天國。

新年第一天清晨，街上的人看見小女孩的屍體。她的手裡握著一把燒過的火柴梗，幸福地笑著……

賣火柴的小女孩在凍死前看見「幸福幻影」，在幸福感圍繞之下飛往天國。為什麼小女孩最後可以做這麼幸福的夢？

雖然童話故事不會有正確答案，但我認為是腦內啡的作用。

腦內麻藥腦內啡具有「覺醒作用」。可以提高注意力、專注力，但如果作用太強的話，則會出現「幻覺」。

在瀕臨生死的狀態，也就是極大壓力中，之所以會產生欣快感和幻覺，極有可能是腦內分泌了腦內啡。實際上，腦內啡正是在這種極限狀況下才會分泌。

為什麼越跑越愉悅？

說到極限狀態，就會想到「跑者的愉悅感」（runner's high），指進行馬拉松等長時間的跑步運動時，跑者體驗到的陶醉狀態。

馬拉松是非常辛苦的運動。但跑了一大段距離，跨越某個境界後，本來應該感到很痛苦的身體卻會變得輕盈，心情也會變爽快。而且，情緒高昂，最後被強烈的幸福感包圍。這就是跑者的愉悅感。

跑者的愉悅感經常被用來解釋腦內啡的功能。腦內啡可以緩解跑步的痛苦，最後產生欣快感。

我有一個每年參加檀香山馬拉松的朋友，說了這麼一段話：

「只要跑過馬拉松全程，就會上癮。那種充實感、成就感及滿足感是很驚人的。因此，我會一直跑下去。」

若了解腦內啡會使人產生跑者的愉悅感，便也能理解為什麼跑馬拉松會令人「上癮」。

過去就有研究指出，跑者的愉悅感來自腦內啡的分泌。許多研究數據也顯示，跑步和高負荷的有氧運動後，血液中的腦內啡會增加。

但是，過去並不確定這是否是因為腦內啡與鴉片類接受器結合。二〇〇八年，慕尼黑工業大學的研究團隊，成功透過「正子斷層造影」（利用放射性物質成像），以影像顯示「腦內啡會使人產生跑者的愉悅感」。這可說是提出有力證據，證明長距離跑步時，腦內啡的分泌量會增加，並與腦內的接受器結合。

☑

腦內啡一分泌，壓力消除好療癒

終極的壓力消除物質

讀到這裡，你應該掌握了腦內啡這種物質存在的原因。

腦內啡能將受傷、生病、跑步及其他壓力所致的「疼痛」和「痛苦」轉換為「幸福感」，保護身心免於壓力傷害。它可說是一種「終極的壓力消除物質」。

認識腦內啡的合成過程，就會更清楚理解為何腦內啡具備消除壓力的特徵。

β腦內啡的前驅物是一種叫做「前腦啡黑細胞促素皮促素」（Pro-opiomelanocortin，POMC）的蛋白質。

這種前驅物經過切割處理，被切割成幾個更小的片段後，會製造出β腦內啡、ＡＣＴＨ、β促脂解素等。

就像第三章「腎上腺素工作術」中所說明的，ＡＣＴＨ荷爾蒙會刺激腎上腺皮質，促進分泌壓力荷爾蒙「皮質醇」。ＡＣＴＨ和腦內啡都是會在承受壓力時，分泌來對付壓力的「壓力消除荷爾蒙」。

但是，這兩者的功能有點不同，ＡＣＴＨ主要是「消除身體壓力」，而腦內啡主要負責「消除精神壓力」。

另外，雖然前面提到腦內啡會在負荷過度壓力時分泌，但其實也不限定在這種狀態。感到「療癒」和「放鬆」時，也會分泌腦內啡。

說到這就會想到寵物帶給人們的療癒感。很多人下班回到家，和愛犬或愛貓玩的時候，會瞬間有被療癒的感覺。某個研究數據顯示，當愛狗的人與狗進

腦內啡的主要功能

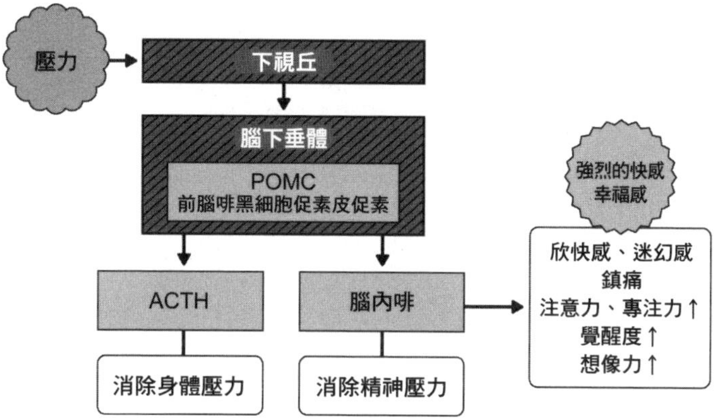

注：為利說明，已簡化實際功能。

行「觸碰」或「撫摸」等親密接觸時，無論人或狗，血液中的腦內啡濃度都會增加。

在身心放鬆的狀態下，大腦較容易釋放α波。而在α波釋放後，即會分泌腦內啡。不僅承受壓力的狀態，放鬆時也會分泌腦內啡。

腦內啡具有療癒物質的特性，當人處於過度的壓力環境時，就會分泌腦內啡來減緩壓力。反過來講，腦內啡在情緒穩定的放鬆狀態下也會分泌。雖然在完全相反的狀況下分泌，但目的卻相同。

腦內啡可以令人感到幸福，讓大腦休息，也有助提升注意力、專注力、記憶力及創造力等。

冥想和坐禪時，會釋放出完整的 α 波。冥想能使心靈呈現安定平和的狀態，不僅專注力和注意力提高，意識清楚，有時還能獲得美妙的點子。這正是腦內啡分泌時的狀態之一，並有療癒和活化腦部的功效。

腦內啡不僅能修養心靈，還具有提高免疫力和身體復原力的效果。甚至還能提升抗癌的免疫細胞「自然殺手細胞」（natural killer cell）的活性，發揮抗癌作用。

腦內啡不但能調養心靈，也能治癒我們的身體。腦內啡和褪黑激素一樣，都可說是「終極的療癒物質」。褪黑激素與睡眠有連帶關係，能使人擁有優質的睡眠品質，發揮療癒效果，而腦內啡則在身心放鬆的狀態下，產生療癒功效。

最高休息術

想要促進療癒物質腦內啡的分泌，必須釋放α波。那麼，哪些時候會釋放α波呢？

具體而言，α波會在下列情境中釋放：

- 鑑賞古典音樂時。
- 聽喜歡的音樂時。
- 聆聽潺潺溪流聲。
- 欣賞大海和紅葉等美麗風景。
- 享用最愛的食物。
- 舒服地吹著風。
- 聞到丹桂等花草芳香。
- 閉目養神，安靜地放鬆身心。

・專注地投入一件事。
・心靈狀態平穩時。
・冥想、瑜伽及坐禪時。

總之，擁有「療癒時光」，大腦就容易釋放α波，並分泌腦內啡。

不過，說起來簡單，實際上要騰出讓自己療癒的時間卻很難。很多人下班回到家，都還是在看電視或打電動。就像第三章「腎上腺素工作術」所講的，這些活動會讓交感神經處於優位狀態。引發興奮的娛樂活動，不適合在睡前從事。

請關掉電視，坐在沙發上邊聽音樂邊和狗狗玩。這種悠哉閒適的時光，才能真正療癒你的身心。就另一個層面來看，由於身心放鬆，才能促進腦內啡分泌，因此與其說是「腦內啡工作術」，倒不如稱為「腦內啡休息術」還比較恰當。

增加幸福感的神奇物質，多巴胺＋腦內啡

快樂荷爾蒙

當人處於壓力和放鬆狀態，以及受到刺激時，大腦都會分泌腦內啡。

到目前為止所介紹過的腦內物質中，「愉快」的刺激會促進分泌「多巴胺」，壓力等「不愉快」的刺激則會分泌「去甲腎上腺素」。相較於此，腦內啡是不論受到「愉快」或「不愉快」的刺激，都會分泌的神奇腦內物質。

而當人類受到「愉快」的刺激時，大腦更容易同時分泌多巴胺和腦內啡。

當兩者同時分泌時，就會有增強愉悅感和幸福感的效果。這種效果是加乘性

的——兩者同時分泌而得的幸福感，比多巴胺單獨分泌時所獲得的幸福感，高出十倍至二十倍。由此可知，腦內啡也具有「快感增強劑」的特性。

最好的例子就是性行為。性行為大概是人類最強烈的快感體驗之一。性行為可以同時分泌多巴胺和腦內啡，產生極致的快感。

此外，就功能上而言，「GABA」對多巴胺有抑制作用。腦內啡則可以抑制GABA。由於抑制多巴胺的GABA被抑制，所以可以促進多巴胺游離。

在腦內啡的作用下，即使是相同的愉快刺激，也會分泌更大量的多巴胺。就像漫畫《天才笨蛋伯》中笨蛋伯所說的「反對的反對就是贊成」一樣，抑制的抑制就變成促進作用。

因此，除了放鬆以釋放α波，可分泌腦內啡，透過物理性的愉快刺激，也可以分泌腦內啡。

六大技巧促進腦內啡幸福分泌

1 運動

在介紹「跑者的愉悅感」時已說明，跑步會分泌腦內啡。當然，跑步以外的運動也會分泌腦內啡。尤其持續進行中、高強度運動，在稍微吃力的狀態下，腦內啡會更容易分泌。

研究人員在一項研究中觀察到，進行十五分鐘的有氧運動（踩腳踏車），不僅能增加血液中的腦內啡濃度，α波的出現率也會隨之提高。這就是運動可以活化腦內啡的證據。

運動除了能促進分泌腦內啡，也會促進分泌多巴胺、血清素、生長荷爾蒙等多種物質。許多研究數據皆顯示，適度的有氧運動有益於療癒和活化大腦。

2 吃辛辣食物

你是否曾經在吃辣咖哩時直冒汗，並感到心神恍惚？這種心神恍惚的感覺，應該是腦內啡所引發的。

辣椒含有「辣椒素」成分，是辣味的來源。辣椒素含量越多的辣椒越辣。辣椒素與口腔黏膜細胞的接受器結合後，接受器會產生神經訊號。神經訊號刺激神經細胞，分泌腦內啡和去甲腎上腺素。也有學說認為，由於「辣味」和「疼痛感」非常類似，為了對辛辣刺激（≒疼痛刺激）發揮止痛效果，所以會分泌腦內啡。

辣椒素也會提高新陳代謝，所以吃辣的時候會流汗、消耗能量。這個時候在去甲腎上腺素的作用下，會使交感神經興奮，血糖升高、心跳加速、血壓上升、體溫變高。辣椒素也有分解脂肪的效用，因此有助減肥。

吃辣咖哩可以分泌腦內啡。真是毫不費力的壓力消除法。

3 吃油膩食物

我是札幌人，二〇〇七年搬到東京。但我一直覺得東京的拉麵口味都太重了，吃久了容易膩。

以前東京拉麵以清淡的「中華拉麵」為主流，但最近到處都是重油重鹹的拉麵，而且口味越重越受歡迎。

為什麼東京人那麼喜歡吃重口味的拉麵？關於這一點，我有獨門見解：「拉麵＝壓力消除說」。

京都大學的研究團隊進行了一項有趣的實驗。他們餵食空腹的老鼠濃度五％的玉米油，餵食量逐日增加，到了第五天老鼠的油攝取量增加約兩倍，POMC（腦內啡的前驅物）則增加了一・七倍。

並且，那些連續五天被餵食油的老鼠，只要一靠近油的餵食器，POMC就會增加約二・五倍。光是「期待」喝油，就能促進分泌POMC。

剛喝過油的老鼠體內的腦內啡濃度，在血液中約增加一・五倍，在腦脊髓液中約增加一・八倍。所以說攝取脂肪含量越高的食物，就越會分泌腦內啡。

由於腦內啡具有消除壓力的效果，因此壓力很大的東京人，才會不自覺地想要吃高油脂食物，而不是因為重口味的拉麵便宜且到處都吃得到，所以受歡迎……這是我的想法。

吃重口味的拉麵來減輕壓力，絕對不是一件壞事。但是，重口味的拉麵熱量相當驚人。隨便一碗都超過一千卡，請勿過量。

4 吃巧克力

有的人會說「吃巧克力時，感覺幸福極了」。吃巧克力時，的確會分泌腦內啡。

某項實驗數據顯示，當老鼠的身體處於壓力狀態時，餵食巧克力原料可可多酚，可以提升腦內啡的濃度和抗壓性。

當疲累時，會興起「很想吃巧克力」的念頭，而吃巧克力也確實是消除疲勞、減輕壓力的好方法。

5 泡熱水澡

眾所皆知，泡澡具有放鬆的效果。那麼，你是溫水派？還是熱水派？用熱水泡澡，大腦會分泌腦內啡。泡熱水澡時，皮膚會有刺激感，為了停止這種「疼痛感」，就會分泌具有止痛作用的腦內啡。

泡熱水澡分泌腦內啡，也是一種消除壓力的方法。但是，熱水澡會對心臟等循環系統器官造成負擔，因此請適度控制水溫和時間。

6 針灸治療

接受過針灸治療的人，應該都可以感受到「針灸減輕了疼痛感」、「消除了疲勞」，體會到針灸的放鬆效果。原因之一就是進行針灸治療時，大腦會分泌腦內啡。

根據某項實驗，讓低周波電流通過插在「合谷穴」的針，血液中的腦內啡濃度比通電前增加了約二．四倍。

「針灸麻醉」是利用針刺能夠止痛的原理得到麻醉效果，在中國針對此領域進行了許多研究，實際上也有採針灸麻醉的手術案例。

像這樣以物理性的愉快刺激促進腦內啡分泌，便能迅速獲得消除壓力的效果。但要注意，過度濫用也會產生不良後果。

腦內啡有兩種療癒模式，包括「放鬆狀態下的療癒」和「愉快刺激下的療癒」，只要平衡地運用這兩種模式，就能安心消除壓力。

告別分心與瞎忙！如何消除雜念、極致專注

輕鬆實現上班族的理想狀態

目前為止，已經介紹了運用「放鬆活動」和透過「愉快刺激」以促進腦內啡分泌，使頭腦和身體獲得療癒的方法。這些都是很棒的方法，但如果就這樣結束的話，只能稱之為休息術，而不能說是「腦內啡工作術」。

將腦內啡運用得宜，對你的工作會是一股強大的助力。接下來我想介紹如何達到這個目的。

適量分泌腦內啡時，會對大腦產生下列四種具代表性的益處：

①消除壓力。
②增強記憶力。
③提高想像力。
④提升專注力與注意力。

我在第三章「腎上腺素工作術」中已經說過，腎上腺素的分泌可以增強記憶力。情緒受到刺激時所發生的事件，會更容易儲存在記憶中。

腦內啡也有同樣的「記憶增強作用」，腦內啡分泌時所發生的事情，會深刻地記憶在腦中。而且，讓腦內啡大量分泌的情況，不是「非常痛苦的體驗」就是「非常快樂的體驗」。

你回想自己的人生時，想到的不外乎是「很痛苦的事」或「很快樂的事」。

極端的痛苦和極致的快樂，都較容易儲存在記憶中。

腦內啡會提高突觸的動作電位，增加突觸連結。如此就能產生增強記憶力，及提升想像力和專注力的效果。

工作時有意識地分泌腦內啡，能提高專注力和想像力，泉湧出各種很棒的創意發想，連記憶力都會變好。對於上班族而言，是相當理想的工作狀態！

「心流」讓你迅速體驗前所未有的世界

談到腦內啡和工作的關係時，「心流」這個字很值得參考。它是由心理學家奇克森特米海伊（Mihaly Csikszentmihalyi）所提倡的概念。

「一個人將精力完全投注在一個活動上，心無旁鶩的狀態。由於這種體驗本身快樂至極，因此會投入更多時間和心力在這項活動中。」

這種狀態就稱為心流，即「絕對的專注狀態」。

簡單明瞭地說，就是全神貫注，進入快樂且非常投入的狀態，且頭腦極為清晰，可以自主控制本身的狀況和活動。

這種狀態會伴隨「時間感的扭曲」，覺得「時間一下子就過了」或「時間好像停止了」。很多運動選手在締造輝煌紀錄時，都會談到自己的心流體驗。

讀到這裡，你應該注意到腦內啡分泌的狀態和心流狀態非常類似。實際上，也有很多腦科學家和心理學家推測兩者有關聯性。

心流的提倡者奇克森特米海伊認為，跑者的愉悅感也是心流狀態的一種。「不只長距離慢跑，很多運動項目進行到一定程度後，也會產生和跑者的愉悅感雷同的快樂狀態，這也可以說是心流狀態（猶如流動般的舒暢感）。」

我寫這本書的時候，也經常產生心流經驗。

進入全神貫注的狀態。靈思泉湧，寫作時行雲流水，發揮自己在一般狀態下，不可能有的功力。

廢寢忘食，不知道疲累，感覺好幾個小時轉眼即逝，一天寫五十張以上的稿紙也甘之如飴。

由於開心到忘我，所以不自覺地充滿動力，想要「一直寫下去」。這是一種非常強烈的快感。我認為這大概就是心流狀態，同時大腦也分泌著腦內啡。

五個步驟、八個程序，讓你不再瞎忙

進入「心流狀態」後，可以全面發揮實力，有效完成工作。有在運動的人，在心流狀態下或許可以刷新自己的紀錄，或超越實力再創佳績。

奇克森特米海伊列舉出五個達到心流狀態的事前準備步驟：

①設定整體目標，把大目標切割成許多可執行的小目標。
②找出評估目標成果的指標與方法。
③保持專注在目前投入的活動上，細分活動中的各項挑戰。
④利用挑戰機會，讓自己的能力有所成長。
⑤開始覺得無聊時，就挑戰更高難度的目標。

光是這麼說，應該會有很多人不知道，該如何具體運用在日常的工作場合中。因此我基於自己的心流經驗，整理出「在日常工作場合進入心流狀態的準備作業」。

①設定長期目標和短期目標。
②在「待辦清單」中寫下今天要做完的工作。
③盡可能詳細填寫待辦清單。
④為待辦清單中的各項工作設定時間限制，或寫下預計完成的時間。
⑤完成後，用斜線刪除已完成的待辦工作，掌握進度。
⑥重視挑戰精神。
⑦設定適當的工作難度。
⑧平時就要培養工作所需的技能。

整理出來以後，會發現有幾個項目是前面提過的，像①到⑦與第一章的

「多巴胺工作術」幾乎相同。但當你了解多巴胺分泌時，腦內啡也較容易分泌，就可以知道兩者在程序上自是大同小異。

那麼，「多巴胺工作術」和活用腦內啡的「進入心流狀態的準備作業」，到底差別在哪裡？

奇克森特米海伊認為職人、廚師及有一定作業流程的技職人員，較容易進入心流狀態。

這類行業的人的共同特徵就是，他們完全掌握了工作順序，不用一一思考「接下來要幹麼？」、「接著應該做什麼？」

「做完這個，接下來是這樣」，他們的工作流程固定，猶如能按詳細的工作進度表行事。又或者，他們早已無意識地以身體記住了所有動作。

其實，最容易使人分心的就是思考「接下來要做什麼？」當大腦處於高度專注，工作效率佳的狀態時，如果還要想「接下來要做什麼？」便會分散注意力，而必須重新拉回專注力。

因此，先將自己應該做的工作寫成「待辦清單」，就可以不必去想「接下來要做什麼」，全神投入在工作中。

我認為這是一般上班族、從事辦公室工作的人，進入心流狀態的必要條件。

腦力全開動力滿滿，「感恩的心」提升高度

「感謝」是最高的成功法則

幾乎所有自我啟發的書，都會寫到「成功的人都常懷感恩之心」、「擁有感恩的心，是成功的最高原則」。

「快樂的人，對生命充滿感恩。他們感謝討人厭的事。當然，也感激好事。」這句話出自齋藤一人先生，他明確點出感恩的重要。我也深切感受到感激的重要性，並時常心懷感恩。

為什麼擁有一顆「感恩的心」的人會成功？

原因在於感謝他人時，大腦會分泌腦內啡。

感激別人或受到他人感激時，人會產生幸福感。

美國國家衛生研究院（ＮＩＨ）的研究團隊透過核子醫學影像研究發現，人在從事志工活動時的腦，與得到「獎賞」時的腦，展現出相同的活性模式。的確，從事志工活動者的動力和行動力，都高過沒有擔任志工的人。前者的成就感和幸福感也比較大，且罹患心臟疾病機率較低，平均壽命較長。有研究指出，這是因為志工活動會使大腦分泌腦內啡。

曾有志工告訴我，「做志工很快樂。自從開始做志工，我才發現原來聽到別人跟自己道謝，是這麼開心的事。」

受到感激與受到他人讚賞一樣，都是精神性獎賞。體內也會分泌多巴胺。

感謝他人。被感激。幫助他人。為他人奉獻。那一瞬間，「獎賞系統」的杏仁核會接收到刺激，促進分泌多巴胺和腦內啡。

感謝他人或受到他人感激可以吸引成功，是有科學證據支持的。

工作態度決定工作效率

你有去過居酒屋「庄屋」嗎？在「庄屋」點完餐之後，店員會精神抖擻地說：

「是，很高興為您點餐！」

剛開始我覺得有點尷尬，不過後來就習慣了。聽到店員充滿活力的回答，我的心情也跟著愉快起來。

「欣喜」地工作，就腦內物質工作術來看，也是正確的態度。因為抱著感激的心「欣喜」工作，就會分泌腦內啡和多巴胺。

由於腦內啡會增強多巴胺的作用，因此同時釋放出兩者的話，能大幅強化動機，積極快樂地工作。

由於專注力增加，工作效率也變好，所以不僅可以用更短的時間做完相同的工作，工作的品質也會提升，獲得更棒的成果。

如果「不甘願」地工作，則會分泌去甲腎上腺素。

去甲腎上腺素雖也有提升專注力的效果，但如果每天處於分泌去甲腎上腺素的工作狀態，專注力、工作效率都會下降，變得意志消沉。明明做著相同的工作，效率卻變差，浪費更多時間且品質下滑。

如此一來，動機會更低落。長期分泌去甲腎上腺素，也可能引發「憂鬱症」。

因此，我們應該「開心」工作。並且，感謝分配這項工作的主管，感激將工作發包給我們的顧客，謝謝客戶的支持，感謝給予協助的同事和屬下。

開心工作並心懷感恩，就能享受工作並順利完成。將這樣的情緒傳染給周遭的人，可以使同事之間的交流更為密切，進而在各方面獲得協助，讓一切順心如意。這麼一來，就能更享受工作。感激和腦內啡會帶來成功的循環。

一開始是以「欣喜」還是以「不情願」的態度接下工作，就足以決定勝負成敗。

「無法喜歡目前的工作」、「現在的工作一點都不快樂」，有這種感覺的人，請姑且先以「欣喜」的態度執行工作。

就算不喜歡工作或工作內容，也要對客戶、協助自己的部屬和同事心存感激。

首先請你試著抱著感激的心情，笑著說「很樂意接受這個挑戰」。由衷的感謝，會讓大腦分泌多巴胺和腦內啡。即使是「無聊」的工作，藉由幸福物質和腦內麻藥的力量，或許也會變得有趣。

感謝失敗，能釋放腦內啡

遭受重挫時，或許會失落地認為「為什麼會失敗」或「自責窩囊」。

不過，這種想法只會促使人體分泌壓力荷爾蒙，而無法真正從失敗中學習。

首先，感謝失敗。「可以從失敗中學習成長，真是萬幸。」有這種想法的人，會加速邁向成功。因為他們的腦內能釋放腦內啡。

腦內啡會增加突觸的可塑性。突觸的可塑性是指突觸與突觸連結的彈性。當突觸可塑性提升，訊息傳遞通暢，便能提升學習和記憶效率。

因此，腦內啡分泌時所發生的事情，記憶會比較深刻。失敗的經歷會成為穩固的記憶，並累積成經驗。而且，透過多巴胺和腦內啡的作用，大腦可以獲得新動機，繼續挑戰下一個目標。

遭受重大挫折時，不必沮喪。感謝「失敗為成功之母」，就能提高你未來的成功機率。

大部分的成功人士，都懂得正向思考。我所認識的許多成功人士中，很少人會負面思考。

對於失敗不耿耿於懷，以正面態度肯定「失敗為成功之母」的人，最後才能成功。正向思考也可以說是「腦內啡思考」。

常懷感恩的心。感謝失敗。只要保有這樣的正向想法，你的大腦自然就會分泌腦內啡，促使你朝成功之路勇往直前。

Chapter

7

摘要

總結

- ☐ 腦內麻藥腦內啡分泌時，會產生「欣快感」和「迷幻感」。
- ☐ 釋放「α波」和身心放鬆時，都會分泌腦內啡。
- ☐ 腦內啡分泌時，會提升專注力、想像力及記憶力。
- ☐ 腦內啡是終極的療癒物質。可以消除精神壓力，修復身體並提高免疫力。
- ☐ 簡單的釋放腦內啡方法包括：「運動」、「吃辛辣食物」、「吃油膩食物」、「吃巧克力」、「泡熱水澡」、「針灸治療」。
- ☐ 將大目標分割成數個小目標，列出行動清單。明確掌握應該做的事，為進入心流狀態做準備。
- ☐ 感謝他人、受他人感激時都會分泌腦內啡。
- ☐ 養成「高興」接受工作的態度。愁眉苦臉地工作會分泌去甲腎上腺素。只要開心投入工作，就能分泌腦內啡和多巴胺。
- ☐ 感謝失敗。失敗會累積成經驗，化為前進的動力。

結語

優化大腦功能，發揮無限潛能

人類的腦部構造非常複雜難解，但如果以簡單的方式去思考，其實很好懂。

人的行為大致可分為兩種：追求「愉快」的刺激，及逃避「不愉快」的刺激。

接受「愉快」刺激時，會分泌多巴胺和腦內啡。由於這些腦內物質可以大幅提升記憶力、學習力及想像力等腦部功能，所以可以大大增加你的成功機率。

相反地，受到「不愉快」刺激時，會分泌去甲腎上腺素和腎上腺素。這些腦內物質能夠提升專注力、爆發力，讓人使出「驚人的蠻力」。但是，長期分泌這些腦內物質，會增加「皮質醇」，使免疫力下降，對身心造成傷害，引發身心疾病。

當然，必須擁有規律的健康生活，腦內物質才會適量分泌。分泌褪黑激素、進入熟睡，並從上午開始活化血清素；中午分泌腎上腺素，火力全開投入工作；晚上則關掉腎上腺素的分泌開關，好好放鬆。用心工作的同時也不忘確實休息，才是健康的生活習慣，讓明天也能繼續努力。

本書說明了發揮這些腦內物質潛力的「工作術」和「生活習慣」。你應該會發現、並訝異自己竟有這麼多不利於大腦的工作術和生活習慣。

學會並落實這些腦內物質的正確使用方式，你也可以發揮比現在高出好幾倍的能力。你不用特別努力，腦內物質就會主動協助你完成工作。

如果你也是上班族，應該會希望「提升工作能力」和「讓工作更有效率」，把工作做得又快又好。

然而，身為精神科醫師的我，不建議埋首拼命的工作方式。比起上述的工作法，我更希望你能保持身心健康。希望你學會保持健康的方法，不要罹患

「心理疾病」和「生理疾病」。我在這樣的期盼下，寫了這本書。

以符合腦構造的方式工作，就能同時「迅速完成工作」並保有「身心健康」。在工作上逞強，不但會降低工作效率，也有害健康。

請一定要落實本書的工作術和生活習慣，以利於你每日的工作和身心健康。

別再錯用你的腦，七招用腦法終結分心與瞎忙

作　　者　樺澤紫苑
譯　　者　楊毓瑩
主　　編　呂佳昀

總 編 輯　李映慧
執 行 長　陳旭華（steve@bookrep.com.tw）

社　　長　郭重興
發 行 人　曾大福
出　　版　大牌出版／遠足文化事業股份有限公司
發　　行　遠足文化事業股份有限公司
地　　址　23141 新北市新店區民權路 108-2 號 9 樓
電　　話　+886-2-2218-1417
傳　　真　+886-2-8667-1851

封面設計　Bianco Tsai
排　　版　新鑫電腦排版工作室
印　　製　成陽印刷股份有限公司
法律顧問　華洋法律事務所　蘇文生律師

定　　價　400 元
初　　版　2018 年 7 月
三　　版　2023 年 3 月
有著作權　侵害必究（缺頁或破損請寄回更換）
本書僅代表作者言論，不代表本公司／出版集團之立場與意見

NOU WO SAITEKIKA SUREBA NOURYOKU HA NIBAI NI NARU SHIGOTO NO SEIDO TO SOKUDO WO NOUKAGAKU TEKI NI AGERU HOUHOU by SHION KABASAWA 2016
Traditional Chinese translation copyright ©2023 by Streamer Publishing, a Division of Walkers Cultural Co., Ltd.
Original published in Japan in 2016 by Bunkyosha Co., Ltd.
Traditional Chinese translation rights arranged with Bunkyosha Co., Ltd through AMANN CO., LTD.

電子書 E-ISBN
ISBN：9786267191835 (EPUB)
ISBN：9786267191828 (PDF)

國家圖書館出版品預行編目資料

別再錯用你的腦，七招用腦法終結分心與瞎忙 / 樺澤紫苑 作 ; 楊毓瑩 譯.
-- 三版 . -- 新北市 : 大牌出版 , 遠足文化發行 , 2023.03
320 面 ; 14.8×21 公分

ISBN 978-626-7191-88-0 (平裝)

1. CST: 激素　2. CST: 工作效率

399.54　　112000822